# 褐煤氧化解聚
## 及
# 解聚产物利用

郝建秀　周华从　刘全生　著

化学工业出版社

·北京·

## 内容简介

　　《褐煤氧化解聚及解聚产物利用》以褐煤这一重要碳质资源为对象，针对其直接作为能源物质利用时存在效率低、污染大等问题，综合考虑褐煤等低阶煤含有丰富的天然结构单元和含氧有机酸性组分等特点，论述了其作为非能源物质高效利用的两条路径。一条路径是以褐煤或其氧化解聚物为有机配体，直接构建金属-有机复合催化剂，分别构建了锆基加氢催化剂、铜基氧化催化剂和铁基光催化剂，各催化剂对相应反应均表现出优异的活性；另一条路径是利用一些金属离子能与褐煤氧化解聚物中不同类型有机酸组分选择性配位的特点，利用金属离子的介导作用从褐煤氧化解聚物中分离提取高值有机酸。本书同时还介绍了氧化解聚前的预处理和煤阶对解聚效率和解聚产物分布的影响，为其他煤种在两条新型非能源利用途径中的应用提供了参考。

　　本书对于拓展褐煤高值化利用途径具有一定指导意义，兼具学术价值和潜在应用价值，可供煤化工领域的科研人员参考。

### 图书在版编目（CIP）数据

　　褐煤氧化解聚及解聚产物利用／郝建秀，周华从，刘全生著. -- 北京：化学工业出版社，2025. 6.
　　ISBN 978-7-122-48048-4

　　Ⅰ. TD94

　　中国国家版本馆 CIP 数据核字第 2025M403U3 号

---

责任编辑：王海燕　　　　　　　　装帧设计：关　飞
责任校对：刘曦阳

---

出版发行：化学工业出版社
　　　　　（北京市东城区青年湖南街 13 号　邮政编码 100011）
印　　装：河北京平诚乾印刷有限公司
880mm×1230mm　1/32　印张 7½　彩插 5　字数 178 千字
2025 年 6 月北京第 1 版第 1 次印刷

---

购书咨询：010-64518888　　　　售后服务：010-64518899
网　　址：http://www.cip.com.cn

在人类追求可持续发展的征途中，能源与材料的创新利用始终是推动社会进步的重要力量。煤炭，作为地球上储量丰富的化石能源之一，其高效、清洁的转化利用技术一直是科学界与工业界关注的焦点。褐煤等低阶煤作为重要的碳资源，因为其低热值、高水分、高灰分以及热稳定性差、易风化等特点，主要用于就近燃烧发电，诸多因素限制了其高效洁净利用。但褐煤又含有丰富的天然结构单元，这使其作为非能源物质利用成为可能。探索褐煤高值化非能源转化利用新途径不仅对于提升煤炭资源的综合利用水平具有重要意义，也是实现能源结构调整、促进绿色低碳发展的重要一环，是褐煤利用领域发展的现实需求和必然选择。

本书针对褐煤及解聚产物的新型高值化利用进行论述。第1章重点围绕褐煤非能源利用方式、褐煤解聚利用、褐煤解聚产物利用与分离的研究进展及存在的主要问题等展开论述。第2、第3章分别论述了直接以褐煤为有机配体和以褐煤温和解聚产物为有机配体，构建金属-褐煤、金属-解聚产物催化剂的褐煤高值化利用途径；论述了此利用途径的科学基础、在生物质平台化合物转化中的应用效果以及该路线在褐煤以外的其他中低阶煤（炼焦煤和长焰煤）中的适用性；提出的用褐煤或褐煤解聚产物直接构建催化剂的利用思路对褐煤及其复杂的解聚产物的利用具有重要启示意义。第4章围绕褐煤解聚物分类及分离展开论述，提出了利用金属离子与有机酸的配位作用从解聚物中分离高值有机酸的新路线。该路线反应温度低（接近室温），且以绿色介质水为溶剂，避免了有毒有机溶剂的使用，具有高效、分离选择性可调控和绿色环保的特性，因此该分离策略在褐煤资源的有效利用和清洁利用方面具有良好的应用前景。第5、第6章分别介绍了预热解温度及煤阶的不同对褐煤钌离子催化氧化制备苯羧酸的影响，为褐煤温和氧化解聚制备苯羧酸提供了基础数据，推动了褐煤清洁高值化利用的进程。

本书将传统资源利用与催化反应进行有序结合，以提高资源综合利用效率为目标，涵盖了本学科相关领域的主要方向，对该领域的发展趋势有一定的启示作用。书中涉及的实验数据充分，论述过程严谨，思路明确，综合运用了本学科知识解决科学问题，对低阶煤的高值化利用以及降低工业催化剂的原料来源成本具有重要作用。

本书由内蒙古工业大学化工学院郝建秀、周华从和刘全生编写。在本书编写过程中，研究生刘治民协助完成了第5章和第6章的数据处理和图形绘制工作，对本书的编写做出了很大贡献，在此表示感谢。本书编写过程中参考了国内外学者的文献，得到了内蒙古工业大学化工学院、研究生院及科学技术处的大力支持，在此一并致以衷心的感谢。

展望未来，随着全球能源结构的深刻变革和科技创新的加速推进，褐煤温和解聚与解聚产物利用领域将迎来更多的挑战与机遇。我们期待本书能够成为推动该领域发展的有益参考，激发更多学者与工程师的灵感，共同为构建清洁、低碳、安全、高效的能源体系贡献力量。

最后，衷心感谢所有为本书付出辛勤努力的作者、审稿人以及出版社的工作人员。愿本书能够成为连接理论与实践的桥梁，为促进褐煤资源的高效利用与可持续发展做出积极贡献。

作者
2025 年 1 月

# 目 录

# 第 5 章　预热解对褐煤 RICO 解聚的影响　/　131

# 第 6 章　煤阶对煤 RICO 解聚的影响　/　163

# 第1章

# 褐煤解聚利用概述

# 1.1 褐煤非能源利用的意义

随着社会经济的高速发展，人类对化石资源的消耗量日益增大。但地球上化石资源的储存总量有限，随着开采量的不断增大，剩余化石资源总量日趋减少、资源和能源短缺已成为摆在人类面前的一个重大问题。尽管人类在可再生新能源方面已取得重大进展，然而迄今为止人类还未寻找到能够完全取代化石资源的替代品，在一段时期内化石资源仍是人类社会资源和能源的主要来源。因此，提高现有化石资源的利用效率、实现清洁高值化利用是当前化石资源利用的必然要求。

煤是一种重要的化石资源，长期以来，为人类提供能源和化工原料。据《BP世界能源统计年鉴》（2024）报告显示，我国仍是最大的煤炭消费国，并且打破自己在2022年创下的纪录，目前占世界煤炭总消费量的56%。因此，在未来很长一段时间内煤炭仍将在我国国民生产中扮演重要的角色。

由于煤是不可再生资源且储量有限，特别是高阶煤的快速消耗，低阶煤的高效利用越来越受到世界各国的重视。褐煤是低阶煤的典型代表，一方面，褐煤由于其水分（含量为30%～50%）、含氧组分含量高，热值低（一般在2500～3500kcal/kg，1kcal＝4185.85J），化学性质不稳定等缺点，直接作为能源物质利用热效率低，污染大，且不适宜长距离运输和储存。另一方面，褐煤中含有丰富的芳香环、含氧官能团［尤其是酸性官能团，如羧基（—COOH）和酚羟基（—OH）等］和侧链等结构，这些基本结构单元是一些高附加值化学品或功能材料的前体结构，这使褐煤的资源化利用成为可能。因此在作为能源物质利用的同时，寻找褐煤资源新的利用途径，提高产品附加值，实现褐煤的高值化、资源化利用，是褐煤资源开发利用的重要方向和趋势。

## 1.2  褐煤非能源利用的方式

目前，国内外关于褐煤资源转化利用的途径主要包括：

① 热解炼焦：在隔绝空气（或惰性气体、氢气氛围）下通过高温加热，使煤分解为煤气、焦油、焦炭或半焦等具有更高价值的产品，实现褐煤的清洁高效利用。

② 气化：在水或 $CO_2$ 气氛下，通过气化装置在高温下实现褐煤转化为 $H_2$、甲烷等气体，为化工合成提供原料气或为冶金工业提供还原气等。

③ 液化：通过化学加工方法将固体煤转变为液体产品，分为直接液化和先气化后经费-托合成的间接液化两种方式，由煤基合成气经费-托合成可生产各种替代油品和有机化学品，如汽油、柴油、煤油、润滑油及乙烯、丙烯等。

④ 制备碳基材料及碳基催化剂：由于褐煤的主要成分是碳元素，因此，以褐煤为原料，通过高温处理可将其转化为稳定的碳基材料，所得碳基材料可用于制备负载型金属催化剂。

⑤ 提取腐植酸：褐煤中含有较丰富的腐植酸组分，从褐煤中提取腐植酸是腐植酸的一个重要来源。腐植酸及其衍生产品（硝基腐植酸、腐植酸盐等）被广泛应用于农业、煤化工、石油化工等领域。

⑥ 解聚：通过解聚的方式，打破褐煤中原有的复杂大分子网络结构，从中提取有价值的化学物质，尤其是羧酸和多环芳香族化合物，是褐煤极具前景和吸引力的利用途径。

与直接燃烧相比，这些利用途径可以在一定程度上实现褐煤的非能源高值化利用。但也存在各自的缺点，褐煤热解炼焦、气化和液化三种利用途径的技术和设备均比较成熟，是目前褐煤资源的主要利用途径，但转化过程中均需要较高的能量输入，且产物选择性较差；利用褐煤制备碳基材料的过程中也需要高能量输入；而从褐煤中提取腐植酸的提取率较低。相对而言，褐煤解聚利用的反应条件相对温和，不需要高能量输入；另外，通过解聚反应，有望从褐煤中获取高附加值化学品，且不同的解聚方式得到的产物不尽相同，可以通过解聚方式和解聚反应条件的控制来调控产物的选择性。因此，褐煤解聚利用是实现褐煤温和、清洁、高值化利用的潜在有效途径。下面围绕褐煤解聚利用途径进行详细介绍。

# 1.3　褐煤解聚研究进展

褐煤中含有丰富的芳香环、含氧官能团和侧链等结构，这些基本结构单元通常是一些高附加值化学品或功能材料的前体结构。从褐煤等低阶煤中获取这些化学品或功能材料是低阶煤高值化利用的重要途径。

由于褐煤具有复杂的大分子空间网络结构，若想得到小分子高值化学品，需要将褐煤解聚或降解，使之转化为可溶的、富含小分子物质的解聚产物或降解产物。而低阶煤的高化学反应性也使得通过化学反应手段"打破"褐煤原有结构、从中获取化学品成为可能。目前针对褐煤解聚的方法已经有较为系统的研究，主要包括低温萃取、高温热溶解、微生物降解、氧化解聚（＜400℃）或者上述几种方法组合使用等。

## 1.3.1　低温萃取

煤的低温萃取是溶剂分子渗透到煤结构中，溶解煤中的小分子有机质，将小分子物质萃取出来的过程。煤的溶剂萃取机理研究表明，萃取是一系列有规律的取代过程，溶剂首先扩散渗透到煤孔道中，再破坏煤中非共价键和弱共价键，使煤空间网络结构发生解离，最后释放出煤结构中的有机质。从机理上可以看出，选择合适的溶剂是萃取的关键，有效的溶剂应具有两个特点，一是要对褐煤的分子间作用力有较强的破坏能力，二是要对萃取物有较强的溶解能力。研究发现，通常极性溶剂对煤具有更好的萃取性能，而极性溶剂一般为氢键受体。吡啶、四氢呋喃、环己酮以及甲基吡咯烷酮等氢键受体溶剂，可以很好地削弱煤分子间的氢键作用力，对煤中小分子结构片段具有较好的溶解性能，从而获得较高的萃取率。

混合溶剂能同时削弱或破坏煤中多种作用力，因而具有更高的萃取率，如单一的甲基吡咯烷酮室温下对 Upper Freeport 煤的萃取率仅为 18％，而甲基吡咯烷酮与二硫化碳、甲苯和甲醇形成的混合体系，其萃取率可分别达到 53％、46％和 59％。利用甲基萘油/甲醇混合溶剂体系在超声辅助下萃取，可以使煤的萃取率从 41％提高到 53％。另外，利用不同溶剂对低阶煤进行分级萃取，也可有效地提高褐煤萃取率，同时可以将萃取物分离成几种馏分。在超声辅助下，依次用石油醚、二硫化碳、甲醇、丙酮和二硫化碳/丙酮混合溶剂对先锋褐煤进行萃取，萃取物总量达13.7％，且可得到五种萃取物。

尽管温和条件下煤的溶剂萃取能够从煤中提取出有机物，但对煤的萃取率普遍不高，不能准确反映出煤中小分子化合物的真实情况。大量的研究发现采用提高萃取温度的萃取方法（热溶）萃取出来的小分子组分中不仅含有煤中游离的小分子，还存在煤中大分子热解后所产生的小分子物质，可以极大地提高萃取率，反映褐煤的结构信息。

## 1.3.2　高温热溶解

褐煤热溶解技术是指在低于煤热解温度下，加热使煤结构热松弛，从而引起煤结构中非共价键缔合低分子化合物溶解的过程。对先锋褐煤热溶及其产物的分析表明，先锋褐煤热溶主要脱除羰基化合物及羟基与脂肪结构，热溶物以脂肪烃和羧酸酯为主，羟基和芳香结构含量低。不同溶剂的热溶对象有差异，其中，甲醇等强极性溶剂有利于脂肪酸酯溶解，甲苯等弱极性芳香溶剂有利于脂肪烃和芳香酸酯溶出，380℃高温热溶时存在明显的芳香酸酯类化合物的热解。

离子液体（ionic liquids，ILs）作为一种新型绿色溶剂，具有不易挥发、溶解性能好、化学稳定性和热稳定性高、易分离、易于回收和循环使用等优点，非常适合在褐煤的热溶解聚中应用。离子液体 [Bmim] Cl 对先锋褐煤中的氢键具有较好的解离能力，在温度为 200℃ 时，萃取率可高达 74%；利用离子液体 [Bmim] OTf 对先锋褐煤进行热溶解聚后，四氢呋喃（THF）可溶物收率为 20.1%，而加入有机溶剂四氢萘（THN）、$H_2$、催化剂 $ZnCl_2$ 可提高 [Bmim] OTf 的解聚性能，THF 可溶物的收率分别提高到 30.4%、36.9% 和 46.8%。另外，影响离子液体对褐煤热溶解聚性能的因素很多，包括褐煤中的羧基含量、离子液体本身的结构、热溶的温度等，这些因素不仅影响可溶物收率，而且对产物结构和分布也有很大影响。

超临界醇解是以超临界状态下的醇类物质为溶剂的热溶解聚法。超临界状态下醇对煤既有溶胀作用，也有破坏非共价键的作用。研究者采用超临界醇热溶处理褐煤也取得了一些进展。将胜利褐煤的二硫化碳/丙酮萃取物在 300℃ 的甲醇中热溶 2h，得到 132 种有机化合物，其中包括 32 种在二硫化碳/丙酮萃取物中未检测到的甲酯类化合物和 16 种酚类化合物，分析这 32 种化合物主要是褐煤在超临界醇解条件下发生大分子结构中醚桥键的断裂形成的，为研究煤中可溶大分子化合物提供了一种有效方法。以超临界甲醇为溶剂，在 310℃ 下对锡林浩特和霍林郭勒褐煤进行解聚，GC/MS 结果表明，可溶性解聚组分主要包括羟基苯类、酯类、酮类、烯醇类、芳烃类、甲氧基苯类、烷烃类、烯烃类、含氮有机化合物、含硫有机化合物、醛类等。但不同煤制得的产品收率差异较大，锡林浩特煤中主要以羟基苯为主，而霍林郭勒煤中主要是酯类。

通常，煤的萃取和高温热溶组合使用，将低阶煤逐级分离，可以避免因萃取收率过低而无法准确反映结构信息的问题，但煤在热溶过程中易发生热解和聚合，所得的热溶物有时难以真实反映煤中的结构信息。

## 1.3.3　微生物降解

褐煤微生物降解是利用微生物的分解作用进行褐煤的液化和气化的生物转化，从而制取石油及其他形式的燃料或获得某些工业原料。研究发现，自然界中的一些微生物能够以褐煤为唯一碳源，将其分解，产生液体或气体产物，如采用青霉菌在 28℃ 下对霍林郭勒褐煤进行降解，一周后腐植酸含量达 55.1%。与其他转化利用途径相比，该途径研究起步较晚。其主要问题是菌种培养和选育及降解过程周期较长，大规模利用十分困难。

## 1.3.4　氧化解聚

氧化解聚（oxidative degradation）是指利用不同氧化特性的氧化剂控制性氧化，促进煤定向转化或改善煤转化性能的处理和利用技术。褐煤的结构特点在作为能源物质利用方面是缺点，但在褐煤氧化的过程中能够促进褐煤的氧化解聚。例如与高阶煤相比，褐煤较为活泼的化学性质使褐煤易于发生化学反应而被解聚，而高挥发分和高含氧量使褐煤更易于被氧化。基于上述特点，通过氧化解聚对褐煤进行转化利用是褐煤高值化利用的潜在途径，目前已经报道了多种氧化解聚方法。

（1）过氧化氢氧化法

$H_2O_2$ 氧化褐煤主要得到的是小分子脂肪酸类产品。利用 $H_2O_2$ 作为氧化剂，在 60℃ 下氧化澳大利亚褐煤 24h，可得 46.7% 的水溶物，包括丙二酸、甲酸及乙酸等小分子脂肪酸；进一步结合 Fenton 试剂采用两步法氧化低阶煤可以高收率地得到小分子脂肪酸和苯羧酸。同样采用两步法，将先锋褐煤的1-甲基萘热溶残煤用 5% 的 $H_2O_2$ 溶液氧化 4h，氧化产物以丙二酸和丁二酸为主，未检测到苯多羧酸类物质。使用添加剂可促进产物萃取，向双氧水氧化体系中加入乙酸酐，并对小龙潭褐煤进行氧化解聚，发现在 50℃ 下氧化 9h 可得到 47 种羧酸，包括 2.2% 的苯羧酸、14.9% 的二元脂肪酸和 4.6% 的三元脂肪酸。

$H_2O_2$ 氧化可作为褐煤萃取的一种预处理手段。研究表明，$H_2O_2$ 氧化预处理可以明显提高煤的溶剂萃取率，同时得到水溶性的有机酸和酚类产物。一般认为煤的 $H_2O_2$ 氧化为自由基反应，反应过程中酯键、醚键等水解断裂生成羧酸、醇和酚等，因此可获得高收率的有机小分子产物或是高的溶剂萃取率；$H_2O_2$ 氧化也可作为褐煤热解的预处理手段，经预处理后，热解油的收率在一定程度上得到提高，且受褐煤结构特征影响较大。$H_2O_2$ 也用于氧化褐煤制腐植酸，可使黄腐酸中总酸性基团和羟基含量显著提高，且借助辅助措施如微波联合 $H_2O_2$-冰醋酸法，可极大地提高黄腐酸的收率，解决了褐煤氧化制腐植酸收率低的问题。

作为一种褐煤制备有用化学品的途径，$H_2O_2$ 氧化褐煤也存在缺点，如高温会造成双氧水分解，所以 $H_2O_2$ 氧化褐煤的反应温度较温和，导致氧化过程中反应物转化率较低，对褐煤结构的降解度较低，限制了褐煤利用率的进一步提升。

（2）NaClO 氧化法

与双氧水相比，NaClO 水溶液具有更高的氧化活性。10℃下在 NaClO 水溶液中氧化霍林郭勒褐煤，生成大量的水溶性苯羧酸（可达 52.6%），其次是氯代物（大于 25%），而脂肪酸的含量相对较少，所得到的苯羧酸从苯甲酸到苯四甲酸，相对含量依次增多，苯四甲酸含量最高，达 30.9%；同样的方法也适用于氧化胜利褐煤，结果类似。进一步研究发现，NaClO 水溶液氧化煤与溶液的碱性强弱有较大关系，pH 高时煤中大部分有机质转化为高分子有机酸，而 pH 降低有利于小分子脂肪酸的生成。由于直接用 NaClO 水溶液氧化褐煤会生成大量的氯代脂肪酸，故采用先对煤炭进行 $H_2O_2$ 预处理，再用 NaClO 氧化的分级氧化方式，结果发现，加入 $H_2O_2$ 预处理可以将含氧官能团引入煤炭结构中，从而显著增加了解聚产物中链烷酸、链烷二元酸和苯羧酸的收率，同时抑制了氯代烷酸的生成。

次氯酸钠对煤的氧化不够彻底，反应后剩余大量残渣，且产物中常伴有氯代物，增加了产物的复杂程度，为产品的后续分离和应用带来困难。

（3）硝酸氧化法

$HNO_3$ 对煤氧化的研究开始很早，主要用于煤分子结构的研究和制备硝基腐植酸，相比于从褐煤直接萃取得到的腐植酸，从硝酸氧化后的褐煤中提取得到的腐植酸含量更高、分子更小，说明在褐煤氧化过程中，引入硝酸可以将煤中的大分子结构转化为小分子物质。

在利用 $HNO_3$ 制备煤的小分子有机酸方面研究者们也做了较多的研究。对我国三个产地的褐煤（扎赉诺尔煤、繁峙煤和寻甸煤）进行 HNO₃ 氧化性能的研究发现，三种褐煤的氧化产物具有相似的分子组成，水溶部分主要为多取代基的苯二甲酸，酮溶部分主要为含 2～3 个芳环的低聚合度芳香二元羧酸等。HNO₃ 对煤的氧化是煤的轻度氧化。如果想进一步深度氧化，需要结合其他解聚方式。利用硝酸的氧化性使煤结构中的芳环侧链增多，有利于微生物作用使芳环的侧链断裂生成较为简单的芳香族化合物。

HNO₃ 在褐煤氧化制备化学品中有良好的效果，但其本身价格昂贵且有腐蚀性，还会引入氮原子，在对煤进行氧化的同时还存在硝化作用，因而解聚产物比较复杂，不利于后续的产物纯化和分离。

（4）碱氧氧化法

煤的碱氧氧化法是指在碱性水溶液中，以氧气或空气为氧化剂，对煤炭进行控制性氧化的方法。碱氧氧化是煤的深度氧化方式，生成大量溶于水的低分子有机酸和 $CO_2$，低分子有机酸主要包括草酸、醋酸和苯羧酸等。

对可保褐煤进行碱-氧气氧化研究发现，在碱煤比为 2.1∶1、氧气初压为 2.5MPa、200℃下反应 2h，得到煤酸产率为 28.1％，其中苯羧酸占 40.5％，以苯三甲酸和苯四酸为主，也包含除苯六酸之外的其他各羧酸。为降低碱用量，开发了褐煤高温快速氧化法，如温度为 300℃、碱煤比为 0.8∶1，仅 1min 就可使苯羧酸收率达到 240℃时碱煤比为 3∶1、反应 30min 才能达到的效果。研究者们还发现，褐煤氧化制取苯羧酸过程中同时能够生成大量的小分子脂肪酸，如在上述条件下氧化霍林河褐煤不仅得到 20.4％的苯羧酸，还能够得到 35.4％的小分子脂肪酸，其中包括 15.3％的草酸、9.5％的乙酸、8.2％的甲酸、1.6％的丙二酸以及 0.8％的丁二酸。

考察碱氧氧化解聚的影响因素发现，解聚温度、氧气初始压力、反应时间和反应碱煤比对解聚均有一定影响，其中反应碱煤比对苯羧酸的收率影响最为显著，不加碱时，苯羧酸收率极低，而过量的碱又增大了体系的盐析效应，从而降低苯羧酸收率，羧基较多的苯羧酸生成过程对盐析效应更为敏感。煤的碱氧氧化机理如图 1-1 所示，两个芳香碳之间连接的桥键被氧化成羧基官能团，而另一个芳香碳被氧化形成脂肪酸和 $CO_2$。

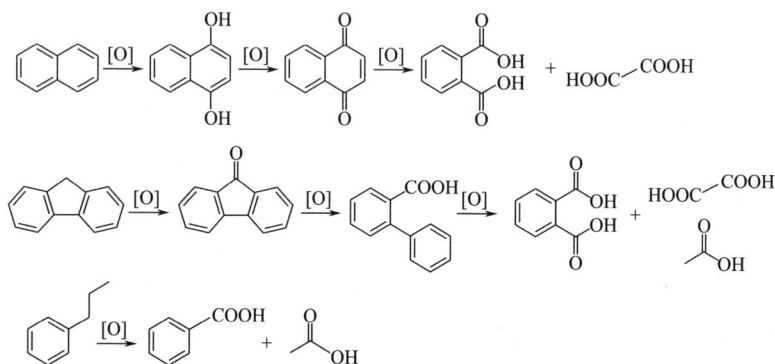

图 1-1 煤的碱氧氧化机理

与其他氧化剂氧化法相比，碱氧氧化法采用空气或氧气为氧化剂，具有价格低廉的优点，且反应过程中不会产生大量有害气体，并能取得较高的化学品产率，因此该方法被认为是一种具有一定发展潜力和研究价值的方法。

（5）钌离子催化氧化法

钌离子催化氧化法（ruthenium ions catalyze oxidation，RICO）是以钌离子为催化剂、$NaIO_4$ 为共氧化剂，二者共同作用使得芳香结构分解的解聚方法，在煤氧化解聚中应用广泛。

对锡林浩特褐煤进行 RICO 研究发现，氧化产物经重氮甲烷酯化后用 GC/MS 分析，主要成分是二元烷酸和苯羧酸，由于草酸和丙二酸在 RICO 条件下会被继续氧化为 $CO_2$，因此二元烷酸以琥珀酸收率最高，而苯多酸中苯四酸的收率最高，苯五酸和苯六酸的收率较低；对霍林郭勒褐煤的 RICO 考察也有类似的结果，氧化产物中主要为二元烷酸，以丁二酸和戊二酸为主，含有 4 个以下羧基的苯羧酸多于含 4 个以上羧基的苯羧酸。

研究者根据 RICO 在煤炭以及模型化合物氧化中的研究结果，提出了钌离子催化氧化的机理，首先 $Ru^{3+}$ 被 $IO_4^-$ 氧化成 $RuO_4$，然后 $RuO_4$ 氧化煤中的有机质，而自身被还原为低价的钌离子，低价钌离子再被 $IO_4^-$ 氧化成 $RuO_4$ 而继续参与反应。在氧化过程中 $RuO_4$ 选择性氧化芳香结构中被取代的芳碳，生成羧酸，而未被取代的芳碳转化成 $CO_2$，根据芳环结构的差异，生成如一元脂肪酸、二元脂肪酸以及苯羧酸等各类产品，如图 1-2 所示。

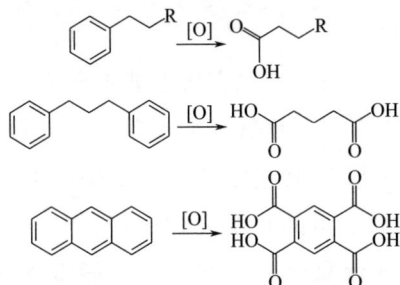

图 1-2　煤炭在钌离子作用下的氧化机理

从 RICO 机理可知，RICO 可高选择性地切断煤中的桥键，有助于了解煤的大分子结构。选取胜利褐煤、小龙潭褐煤与先锋褐煤，均依次进行逐级超声萃取、萃取物的逐级 NaOH/甲醇热溶解与热溶残渣的 RICO，实验流程如图 1-3 所示。最终原煤中超过 87％的有机物转变为可溶物，通过分析最终生成的烷酸、烷二酸和苯羧酸的分布可以了解三种褐煤中难溶大分子骨架的缩合芳环结构特征，因为超声萃取和逐级热溶已将褐煤中绝大部分可溶有机分子分离出来，有效避免了可溶有机分子及其经 RICO 产生的羧酸对分析褐煤骨架结构带来的干扰。

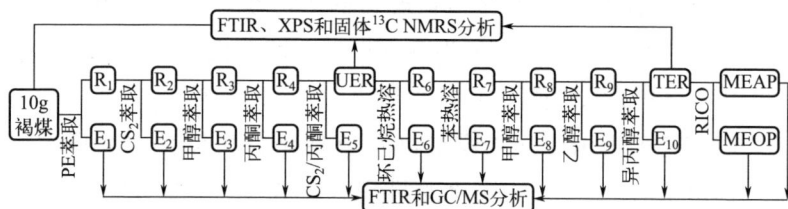

图 1-3　褐煤的超声逐级萃取、萃取物的逐级热溶、热溶所得残渣的 RICO

通过上述研究可以发现，RICO 能选择性解聚煤中的有机质，但由于 $RuCl_3$ 和 $NaIO_4$ 价格昂贵，与 $H_2O_2$ 氧化法相似，更适合应用于揭示煤有机大分子结构方面的理论研究，而在实际工业应用方面受到很大限制。

（6）其他氧化法

光催化作为一种新型催化方法也被研究者用于褐煤的催化氧化过程中，不同于褐煤的热氧化主要产生各类脂肪羧酸或芳香羧酸，光催化氧化主要生成气体产物，主要为 $CO_2$，其次是 $CO$，另有少量的 $CH_4$ 和痕量的 $C_2H_4$ 等烯烃气体。电解氧化法是在低温下用电极对煤进行氧化，该方法并不能得到有机小分子化合物，只是使煤发生气化生成 $H_2$ 或者制取腐植酸。臭氧氧化法也被作为一种褐煤氧化的手段加以利用，在氧化过程中约 90% 的褐煤有机质被转化为小分子可溶性含氧化学品。采用高锰酸钾氧化霍林河褐煤以及烟煤，可分别得到含 0.71mmol/g 煤炭及 2～3mmol/g 煤炭的苯羧酸。但高锰酸钾是强氧化剂，反应较剧烈不易控制，产品以草酸和 $CO_2$ 为主，在获取高附加值化学品方面的应用价值不大。以褐煤为原料，在 $FeCl_3/H_2SO_4$ 和 $NaVO_3/H_2SO_4$ 水溶液中考察了分子氧催化氧化制苯聚羧酸和小分子脂肪酸，所制羧酸收率可达 50% 以上；催化剂既能促进褐煤的转化又能促进羧基化学品的生成，$H_2SO_4$ 不仅能够促进褐煤的转化，也可以调节催化剂活性组分的种类进而调节催化剂的催化活性。

综上所述，褐煤的氧化解聚方式多种多样且各有优缺点，在实际应用中要结合具体的要求，同时综合考虑解聚效果、反应条件、产物分离以及经济和环保效益等因素，采用适合的解聚方式。

# 1.4 褐煤解聚产物利用研究进展

## 1.4.1 解聚产物组成分析

褐煤的溶剂萃取，萃取物主要是游离或镶嵌在煤大分子主体结构中的小分子物质，包括含氧化合物和烃类等。含氧化合物主要包括脂肪酸、醇、酮三类物质，烃类主要是 $C_1 \sim C_{30}$ 的脂肪烃，芳烃较少；另外还有一些杂原子化合物。研究者们发现，采用多级溶剂萃取法可以从褐煤原煤中得到脂肪酸酰胺、含氮杂环、含硫化合物等物质；而将热溶解和钌离子催化氧化法结合，可以将有机氮物种从先锋褐煤中释放出来，其中以硝基苯羧酸为主。

氧化解聚能够有效破坏褐煤大分子网络中较强的化学键，从而选择性地破坏煤的骨架结构，将煤中的有机质转化为具有一定附加值的含氧有机化合物。不同氧化剂对煤的氧化程度、作用机理不同，所得产物也有差异。$H_2O_2$ 解聚褐煤的产物通常以脂肪酸小分子为主；$HNO_3$ 解聚褐煤的产物通常为腐植酸，想得到小分子有机酸需要结合其他解聚方式进一步氧化；NaClO 解聚褐煤的产物中通常含有氯化物；而碱氧氧化和 RICO 均是深度氧化方式，可以破坏煤的大分子主体结构，对煤的降解比较彻底，RICO 还能选择性地降解煤的一些芳香结构。

通过碱氧氧化或 RICO 氧化解聚褐煤，可以得到各种有价值的有机酸，包括小分子脂肪酸和苯羧酸等。这些有机羧酸既是重要的有机化工原料，也是发展新型化工材料和高附加值精细化工产品的基本原料，被广泛用于生产树脂、涂料、增塑剂、表面活性剂等各方面。目前，这些有机酸大多是石油制品，如苯羧酸是先由石油中的环烷烃和链烃重整与芳构化制得相应芳香烃，再经催化氧化得到最终产品。随着石油资源的日益紧张，煤炭来源有机酸的制备具有重要的意义，既能缓解石油资源大量消耗的局面，也为低阶煤的非能源和增值利用提供了新的途径。

通过上节介绍可以发现，尽管不同解聚方法所获得的解聚产物在产物种类分布和相对含量等方面存在差异，但仍具有以下共同特性：

① 分子量变小、可溶性增强。与褐煤解聚前相比，解聚产物分子量变小，在水或有机溶剂中溶解性增强，有利于后续的分离和利用。

② 解聚产物体系复杂。由于褐煤自身结构和组成复杂，且解聚过程中化学反应途径多样，使得褐煤解聚产物是一个复杂的混合物体系，解聚产物不同组分在物理化学性质方面既存在差异性，又存在相似性，这种复杂性限制了解聚产物的进一步利用。

③ 解聚产物是高附加值体系。尤其在氧化解聚产物中，含有一些高附加值化合物，如苯三酸、苯五酸、苯六酸等多元芳香酸是价格较贵的化学品，在功能材料构建等领域具有广泛应用。

因此，褐煤解聚产物犹如化学品的"宝库"，蕴含着众多高附加值化学品或功能分子。褐煤解聚完成了由褐煤大分子向小分子的转变，即褐煤解聚利用的"上游"工作，而如何实现解聚产物的高值化利用，是完成褐煤解聚利用的"下游"工作。

## 1.4.2　现有解聚产物利用途径

目前研究多集中在褐煤解聚方法探索和解聚效果优化上，相对而言，对如何经济合理地进行解聚产物利用、充分发挥褐煤解聚利用这一途径的优势等"下游"工作的研究相对较少。现在报道的褐煤氧化解聚产物主要有以下几方面的应用。

（1）推测褐煤结构

适合研究煤结构的解聚方式主要是溶剂萃取和氧化解聚。溶剂萃取是一种非破坏性地探索煤结构的方法，可以通过萃取产物反映出煤中游离或镶嵌在大分子主体上的小分子的结构；而氧化降解能够将煤大分子网络降解为分子量较小的结构片段或化合物，根据解聚产物中这些化合物的结构和可能的解聚反应过程推测母体煤的原始结构与组成，因而氧化降解是研究煤复杂大分子结构的有效方法。

目前已报道的通过氧化降解手段已经获取了大量关于煤结构方面的信息，如通过 $H_2O_2$ 氧化降解证明 Illinois No.6 煤结构中饱和脂肪链结构的存在；通过氧气氧化降解表明随着煤化程度的升高煤中所含致密芳香团簇增多，芳香环通过短链烷烃或杂元环连接；通过 RICO 反应证明次烟煤和烟煤中短链烷基链（小于 $C_5$）含量相差不多，而长链烷基链（大于 $C_{30}$）在烟煤中含量较高；对不同煤的钌离子催化氧化降解进行深入系统的研究后，进一步证实—$CH_2CH_2$—和—$CH_2CH_2CH_2$—是低阶褐煤芳香骨架间主要的桥键结构，且揭示了褐煤中含有丰富的羟基、甲氧基和甲基取代苯结构；采用碱氧氧化解聚霍林河褐煤时发现，解聚产物中的苯羧酸主要来源于褐煤有机质结构中的芳香团簇结构，这些芳香团簇结构通过稠环的破裂和支链的氧化形成苯羧酸，通过苯羧酸的分布可反推出褐煤中芳香团簇结构的分布。综上，通过解聚产物结构分析获取褐煤自身结构信息是解聚产物利用的重要方面。

（2）其他利用

解聚方式的不同，导致解聚产物不同组分结构和性质不同，决定其有着不同的应用领域。对于通过低温提取、热溶解或离子液体萃取等手段所得的解聚产物，可溶性产物可作为制备清洁燃料的潜在原料，可溶性热溶解产物还可以作为炼焦煤的添加剂用以改善焦的品质，固体产物可作为制备石墨、碳分子筛等碳基材料的原料物质；乙醇胺热溶解褐煤产物可以作聚氨酯材料；高锰酸钾氧化煤的产物可以通过静电纺丝法制备煤基纳米碳纤维超级电容器电极材料；褐煤经 $H_2O_2$、$HNO_3$ 或 $O_2$ 氧化等均可制备腐植酸，所得腐植酸可以作为肥料、吸附剂或土壤改良剂；硝酸氧化解聚得到的硝基腐植酸还可以作混凝土减水剂或作为合成酚醛树脂的原料；以不同阶煤氧化所得的混合煤酸（主要为苯羧酸）的钾盐为原料，在催化剂碳酸镉和 $CO_2$ 的存在下进行异构化可制备较纯的对苯二甲酸。

总体来看，目前对褐煤解聚产物的利用，不管是用于分析褐煤结构，还是用于其他方面，解聚产物都是以混合物形式加以利用的，虽然免去了复杂的分离过程，但是利用效率较低。尤其是通过氧化解聚手段获得的解聚产物通常含有丰富的脂肪酸、芳香酸等高附加值小分子有机酸，若能从复杂的褐煤解聚产物中分离出这些高值化合物，得到高值有机酸单体，可以显著提高这些产物的利用效率。另外，目前所报道的解聚产物利用途径和案例较少，仅利用了褐煤解聚过程中的部分产物，利用过程和产品的附加值有待进一步提高，因此亟待探索褐煤解聚产物的新型、有效、高附加值的利用途径。

## 1.4.3 解聚产物的高附加值

褐煤解聚产物中苯羧酸类产物的附加值很高。邻苯二甲酸可以通过酯化用来制备增塑剂，具备成本低、增塑好、耐低温的特点，还可以用于树脂及药物生产。苯三甲酸可以用来制备增塑剂、涂料、绝缘材料、固化剂、树脂以及橡胶产品。2011年，Ji等利用1,2,3,4-苯四甲酸和锌组合组装手性3D金属有机骨架，具有自由调节其配位的能力。随后Xia等通过1,2,3,5-苯四甲酸与铅制备了三种Pb（Ⅱ）配位配合物，具有良好的热稳定性以及发光性能。韩晓光以均苯四酸为有机配体制备金属配合物，该配合物可以用作超级电容器的电极材料。苯五酸不仅可以用来制备具有优异性能的金属配合聚合物，还可以制备荧光探针。王静等将苯五酸进行原位脱羧制备锌配合物，发现其具有多连接能力。Si等开发了一种苯五酸新型荧光探针，具备了耐碱、耐高温的特征，且灵敏度高、适用范围广、重现性好。Ostasz等将苯六酸用于制备镧系金属配合物，发现该配合物易结晶但不易同构，具有良好的热稳定性。

# 1.5 褐煤解聚产物分离研究进展

对褐煤解聚产物进行有效分离、实现不同产物的分级利用是实现解聚产物高附加值利用的潜在途径，但褐煤解聚产物组分复杂、分布多样，使得分离过程面临巨大挑战。与对解聚过程的研究相比，目前对解聚产物的分离过程研究较少，关于分离方法本身的构建和优化以及分离过程的系统研究报道很少，且研究对象多集中在模拟解聚产物体系。

## 1.5.1 离心或过滤

离心或过滤是基于解聚产物物理形态（固体颗粒与可溶性组

分）和微观尺寸差异进行分离的方法，作为一种常规的粗分离手段，被广泛地应用到各种煤解聚产物与残渣的分离中。采用高压反应釜的热溶工艺时，热溶物中有一部分组分会在低温下析出，这部分组分难以和残渣分开，造成热溶效率低，为克服这一问题，将热溶反应釜连接不锈钢滤膜，不断供应新鲜溶剂到反应釜内，边进行热溶反应边过滤，去除不溶的残渣，可显著提高热溶率；在煤的 NaClO 逐级氧化过程中，采用过滤的方式，逐级将解聚产物中的可溶组分与固体残渣分离，可溶组分加以分析，而固体残渣干燥后继续进入下一步氧化，这样既避免了煤中有机质被过度氧化，也可将煤层层剥离，得到更细致的煤结构信息。

## 1.5.2  溶剂萃取

溶剂萃取是基于解聚产物中不同组分分子极性不同进行分离的方式。研究者们很早就发现丁酮可以将煤碱氧氧化产物酸化后的水溶性有机酸完全萃取出来，并且发现随着氧化时间的延长，萃取得到的羧酸收率逐渐提高；随后丁酮萃取法被应用到其他褐煤氧化方式得到的混合物的萃取中，例如 $FeCl_3$、$NaVO_3$/$H_2SO_4$、$H_5PV_2Mo_{10}O_{40}$/$H_2SO_4$ 催化氧化体系，丁酮可以将上述三种方法得到的褐煤解聚产物中的羧酸从反应溶液中完全分离出来。以上研究只实现了将解聚产物中的羧酸从反应体系中分离出来，但是分离出来的产物羧酸仍然是一类混合物，其中主要包括小分子脂肪酸以及苯羧酸，这类混合物的分离仍是难点，经过进一步研究发现，经次氯酸钠水溶液降解的褐煤产物酸化后，利用乙醚、二硫化碳、石油醚、乙酸乙酯和苯等不同极性溶剂进行分级萃取，萃取物经重氮甲烷酯化后用 GC/MS 分析，结果表明，分级萃取可以将次氯酸钠降解褐煤的典型化合物氯代物、脂肪酸和芳香酸实现初步的族组分分离。采用组合溶剂萃取法分离精对苯二甲酸氧化残渣中的混合芳香羧酸，筛选出水-对二甲苯和水-甲苯两种合适的萃取溶剂体系，经过固-液-液三相萃取后，偏苯二甲酸和邻苯二甲酸在水相富集，苯甲酸和对甲基苯甲酸在有机相富集，对苯二甲酸与间苯二甲酸组成的混合羧酸在固相富集，对煤解聚产物中混合芳香酸的分离研究具有指导意义。

## 1.5.3 柱层析(色谱)分离法

柱层析分离，又称柱色谱分离，是利用混合物各组分在流动相和固定相之间分配系数不同而分离的技术。应用柱层析分离，可将复杂的煤衍生物分成若干族组分甚至纯度更高的有机化学品。用柱层析法对褐煤醇解反应后的各级萃取物进行分离，将样品制成负载于硅胶上的干样，用石油醚等流动相进行梯度洗脱，收集到水溶性化合物组分、烷烃组分、芳烃组分和含杂原子化合物组分，实现了解聚产物的族组分分离。以正己烷/乙酸乙酯为流动相，采用柱层析法分离胜利褐煤的二硫化碳萃取物，得到了一系列脂肪酸酰胺，包括 14 种烷酸酰胺和 3 种烯酸酰胺；用硅胶柱和凝胶柱结合从灵武烟煤的甲醇萃取物中分离出两个邻苯二甲酸酯纯品，为褐煤中纯品的分离提供了一种思路；采用中压制备色谱仪和 PE/乙酸乙酯/甲醇系统对昭通褐煤的乙醇醇解可溶物进行柱层析精细分离，根据颜色收集馏分，经 GC/MS 分析发现，包括烷烃、芳烃、烷酸乙酯、酚类化合物、苄醇类化合物和含氧化合物共 6 个族组分被分别富集到不同的馏分中。采用反相高效液相色谱（HPLC）法，以季铵盐为洗脱液探讨芳香羧酸的保留机理，发现含一到两个羧基的芳香羧酸主要符合离子对分配模型，随羧基个数的增加，保留机理符合离子交换模型，并发现苯羧酸的容量因子与芳香羧酸和季铵盐离子的缔合常数呈比例，这一发现为真实地从煤解聚产物中分离出高值有机酸提供了思路。柱层析分离存在操作复杂，需耗费大量有机溶剂，单次分离量小，所需时间长等缺点。

## 1.5.4　低共熔溶剂法

两种或多种物质混合，得到的混合物的熔点显著低于各个组分纯物质的熔点，该混合物被称为低共熔混合物。低共熔溶剂是指由氢键受体和氢键供体按一定化学计量比组合而成的两组分或三组分低共熔混合物，氢键受体一般为季铵盐、季鏻盐，氢键供体则是尿素、酰胺、羧酸、多元醇类等可以提供氢键的化合物。

低共熔溶剂法在多个复杂混合体系的分离方面均有应用，如从棕榈油中分离甘油，从模拟油中分离苯酚等，而在煤氧化产物分离方面，目前主要研究集中在苯羧酸混合体系的分离。苯羧酸异构体通常性质相似且挥发性低，这给它们的分离带来困难，而采用低共熔溶剂法可以有效分离含 2~4 个羧基的苯羧酸同分异构体，以三种不同的季铵盐为氢键受体，采用低共熔溶剂法分离苯羧酸同分异构体，将季铵盐逐步加入含苯羧酸同分异构体模拟混合物的丁酮溶液中，季铵盐选择性地与不同苯羧酸同分异构体形成低共熔物，所形成的低共熔物可以通过溶剂反萃取的方法实现季铵盐的再生和苯羧酸的回收；用不同种类的氢键受体对均苯四甲酸和偏苯三甲酸以及苯三甲酸同分异构体的混合物进行分离，先利用氯化胆碱和丙酮溶剂中的均苯四甲酸形成低共熔混合物而与偏苯三甲酸不发生作用的特点，实现均苯四甲酸和偏苯三甲酸混合物的分离，再利用四乙基氯化铵与苯三甲酸各同分异构体之间氢键键能大小的差异，依次萃取出连苯三甲酸、均苯三甲酸和偏苯三甲酸，以水为反萃取剂可实现氢键受体的再生。

## 1.5.5 抗溶剂法

抗溶剂法又称反溶剂法，待分离组分溶于溶剂，向其中加入抗溶剂，随着抗溶剂的加入，使溶液稀释膨胀，密度下降，对溶质溶解能力下降，在较短的时间内达到较大过饱和度从而使溶质结晶析出，达到分离的目标。使用抗溶剂法对苯羧酸模型混合物进行分离，并测试了多种抗溶剂体系，结果显示丁酮-石油醚（60~90℃沸程）和丁酮-正己烷体系效果较好。随石油醚/正己烷对丁酮体积比的增加，苯羧酸溶解度下降，且羧基较多的苯羧酸溶解度较小。

综上，对于褐煤解聚这一利用途径，围绕"上游"的褐煤解聚方法已有深入研究，相比较而言，对"下游"的解聚产物利用研究较少，解聚产物的利用途径有待进一步拓展。如图 1-4 所示，解聚产物利用主要有两种思路，一是"不分离直接利用"，二是"先分离后利用"，这两种方式均具有各自的优缺点。因此，探索褐煤解聚产物的新型、有效利用途径对褐煤解聚这一利用途径的发展具有重要意义。

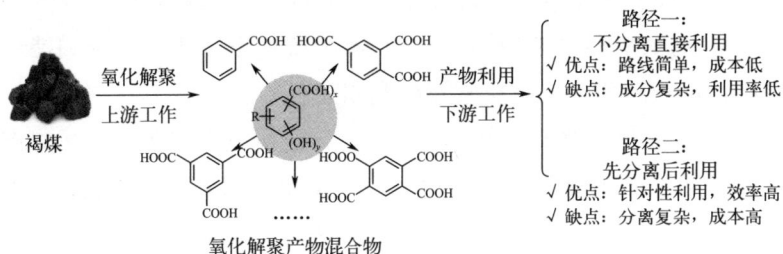

图 1-4　褐煤解聚及解聚产物利用途径

# 1.6 褐煤及解聚物利用存在的问题与可能的方向

## 1.6.1 褐煤与解聚物利用存在的问题

通过以上讨论可知，对褐煤的非能源转化利用是褐煤等低阶煤资源利用的发展趋势，充分利用褐煤自身组成和结构特点，探索有别于传统的热解、气化等褐煤利用新途径，是褐煤非能源利用的重要内容。文献调研表明，褐煤作为功能碳材料利用以及褐煤氧化解聚制备高值化学品是褐煤作为非能源物质利用的有效途径，有望推动褐煤等低阶煤的清洁、高值化、资源化利用。但在褐煤作为功能碳材料利用以及褐煤解聚物利用方面还存在一些关键问题有待进一步的深入研究。

① 针对褐煤作为功能碳材料这一利用途径，目前的研究多是将褐煤进行热解处理制备碳基材料，热解处理导致褐煤中固有的天然有机组分和孔道结构受到破坏，褐煤天然结构优势没有得到充分利用；褐煤中丰富的含氧官能团和小分子物质转化为 $CO_2$ 等低价值甚至污染性气体，一定程度上造成碳原子利用率下降。另外，高温热解造成利用过程中能耗较高。因此，如何充分利用褐煤自身天然组成与结构特点，在温和条件下将褐煤作为功能碳基材料进行利用，仍需探索新的利用途径。

② 针对褐煤解聚利用这一途径，目前研究大多集中在褐煤解聚方法探索和解聚效果优化等工作上，对如何进行解聚产物的有效利用研究相对较少。所报道的文献大都是关于通过解聚产物解析褐煤的结构，没有体现解聚产物中高附加值化学品本身的价值。在有限的关于褐煤解聚产物利用的报道中，解聚产物的利用途径和应用

领域较少，且大多已报道的利用途径只是利用了解聚产物中的部分组分，解聚产物整体利用效率较低，利用过程或产品附加值不高。因此，需要基于褐煤解聚产物结构和组成特点，探索褐煤解聚产物新型利用途径，提高解聚产物的利用效率和利用过程的附加值。

③ 在褐煤解聚产物利用过程中通常涉及解聚产物的分离问题，且分离过程是从解聚产物中获取高附加值化学品的关键环节，然而目前对解聚产物分离过程的研究还不够广泛和深入。现有分离手段主要基于解聚产物中不同组分物理性质差异（如尺寸、分子极性等）进行分离，在分离手段上以传统的过滤、萃取为主，尽管能在一定程度上实现解聚产物分离，但仍存在分离效率低、有机溶剂污染大、能耗高、分离过程可调控性差等缺点，限制了褐煤解聚产物的分离利用。因此，需要基于褐煤解聚产物组成结构特点，建立新的分离方法和路线，提高分离过程的可调控性，改善分离效果。

④ 另外，根据前期文献调研，RICO 可以选择性地产生苯羧酸，预热解温度不同会导致苯羧酸产率以及选择性的变化，可能会提升苯五酸以及苯六酸的产率。但是预热解到底会对 RICO 解聚煤炭产生什么具体影响，目前还没有明确的研究结果。另外，对不同预热解温度的煤样来说，究竟是芳香度、含氧官能团或者石墨化程度哪一方面因素对 RICO 解聚效果影响更大目前还没有明晰，需要进一步分析才能得到结论。

## 1.6.2　褐煤及解聚物利用可能的方向

本书针对褐煤及其氧化解聚产物中富含酸性官能团的特点，利用酸性官能团与金属离子之间的配位作用，将褐煤及其氧化解聚产物作为有机配体，提出了以褐煤或其氧化解聚产物为原料构建"褐煤/氧化解聚产物-金属"复合催化剂的研究思路，在此基础上，发现金属离子与褐煤氧化解聚产物中不同结构的酸性组分结合能力不同，进一步提出了金属离子介导分离氧化解聚产物中有机羧酸的新路线。思路如图 1-5 所示。

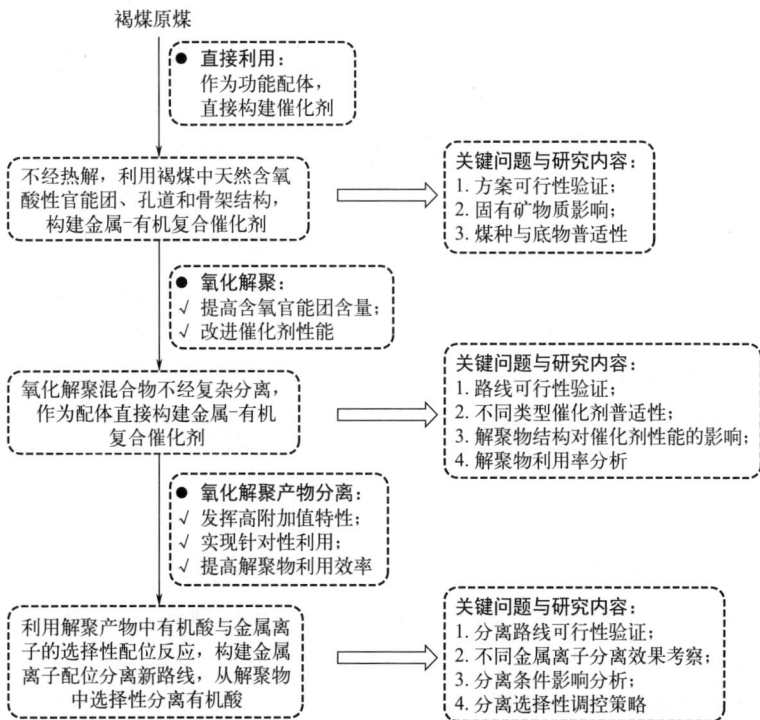

褐煤原煤

● **直接利用：**
作为功能配体，
直接构建催化剂

不经热解，利用褐煤中天然含氧
酸性官能团、孔道和骨架结构，
构建金属-有机复合催化剂

**关键问题与研究内容：**
1. 方案可行性验证；
2. 固有矿物质影响；
3. 煤种与底物普适性

● **氧化解聚：**
√ 提高含氧官能团含量；
√ 改进催化剂性能

氧化解聚混合物不经复杂分离，
作为配体直接构建金属-有机
复合催化剂

**关键问题与研究内容：**
1. 路线可行性验证；
2. 不同类型催化剂普适性；
3. 解聚物结构对催化剂性能的影响；
4. 解聚物利用率分析

● **氧化解聚产物分离：**
√ 发挥高附加值特性；
√ 实现针对性利用；
√ 提高解聚物利用效率

利用解聚产物中有机酸与金属离
子的选择性配位反应，构建金属
离子配位分离新路线，从解聚物
中选择性分离有机酸

**关键问题与研究内容：**
1. 分离路线可行性验证；
2. 不同金属离子分离效果考察；
3. 分离条件影响分析；
4. 分离选择性调控策略

图 1-5　本书整体思路与内容

围绕上述思路，本书主要介绍了以下几个应用实例。

① 褐煤-锆基催化剂构建：直接以褐煤原煤为有机配体构建 Zr 基催化剂，以生物质衍生的羰基化合物选择性加氢制醇为模型反应，评价催化剂的性能，对催化剂的结构进行详细表征；系统考察催化剂制备条件和反应条件对催化剂性能的影响；通过酸洗脱除原煤中的固有矿物质，考察矿物质对催化剂性能的影响；以煤化程度不同的煤为原料构建催化剂，考察所提出路线对不同

煤种的适用性；通过改变底物结构，考察所制备催化剂对不同结构的底物的适用性。

不同于传统的褐煤热解制备碳基载体催化剂，此例利用褐煤天然的含氧酸性官能团、孔道和骨架结构，提出了一种直接利用褐煤作为配体制备金属-有机复合催化剂（锆-褐煤催化剂）的技术路线，并证明了该路线对不同低阶煤具有普适性。该方法在温和条件下将褐煤作为功能配体使用，提高了褐煤结构及官能团的利用效率，对拓展褐煤非能源化利用方式具有借鉴意义。

② 为进一步增加褐煤中含氧官能团含量、提高褐煤利用效率以及提升催化剂性能，本书接下来利用钌离子催化氧化（RICO）的方式对褐煤进行氧化解聚，将所得氧化解聚产物不经复杂分离直接用于催化剂的构建。首先用解聚产物构建锆基加氢催化剂，验证所提技术路线的可行性；再将技术路线用于其他种类催化剂的构建，包括铜基氧化催化剂和铁基光催化催化剂，以考察技术路线对不同类型催化剂的普适性；最后研究解聚产物中不同组分结构对催化剂性能的影响以及解聚产物的利用效率。

这部分内容针对褐煤氧化解聚产物富含有机酸性组分、产物组成复杂这一特点，提出了将褐煤氧化解聚产物作为有机配体不加分离直接制备金属-有机复合催化剂的新型利用途径，考察并证明了这一利用途径对构建加氢、氧化及光催化催化剂的适用性，揭示了不同结构的解聚产物对催化剂活性的影响。

③ 在前面研究基础上，为进一步提高解聚产物利用效率，实现针对性和高值化利用，本书对褐煤氧化解聚产物中有机酸的分离进行深入研究，利用解聚产物中有机酸分子与金属离子之间的选择性配位反应，提出金属离子配位分离有机酸的新路线。通过选择不同种类金属离子（$Cu^{2+}$、$Fe^{3+}$、$Ca^{2+}$ 等），验证所提技术路线的可行性；通过选择不同的金属离子，详细考察不同金属离子的分离效果；系统研究金属离子比例、配位反应温度和 pH

等分离条件对分离效果的影响；揭示分离过程的调控策略。利用解聚产物中不同有机酸与金属离子的选择性配位作用，提出了金属离子配位分离褐煤解聚产物制备高值有机酸这一新型分离路线，通过改变金属离子种类及比例、配位反应温度、反应体系pH 等分离条件，可调控分离选择性和有机酸收率；并且金属离子可回收使用；这一新型分离路线为褐煤解聚制高值化学品的分离过程提供新思路。

④ 先将褐煤经过酸洗去除矿物质的影响，然后进行预热解处理，最后进行 RICO。通过考察不同预热解温度以及氧化反应时间，探究预热解温度与反应时间对苯羧酸产率与选择性的影响。之后通过对不同温度热解煤焦的结构分析，了解内部的芳香度、石墨化程度以及含氧官能团的区别，探究其内部结构是否会对苯五酸以及苯六酸产率产生影响。之后对高温预热解褐煤进行再氧化处理，研究芳香度、石墨化程度以及含氧官能团对褐煤氧化解聚的具体影响。

⑤ 将不同煤阶的煤样按照含碳量划分煤化程度，之后分别进行钌离子催化氧化，分析液体产物中苯羧酸产率以及煤样解聚率的变化，考察煤阶对钌离子催化氧化解聚性能的影响。之后对煤样进行结构分析，探究不同煤阶煤炭中的芳香度、石墨化程度以及含氧官能团的区别，深入研究煤阶对苯羧酸产率的影响。

本书利用褐煤及其氧化解聚产物的组成和结构特点，提出并证实了直接以褐煤或其氧化解聚产物为配体构建金属-有机复合催化剂这一新型利用途径；在此研究基础上，为进一步提高褐煤氧化解聚产物的利用效率、发挥其高附加值特性，本书提出解聚产物金属离子配位分离制备高附加值有机酸这一分离新思路，并考察了氧化解聚前预处理对解聚过程的影响，以完善解聚过程。本书的研究工作对探索褐煤高效清洁利用新途径、推动褐煤资源的高值化利用具有重要意义。

# 第 2 章

# 褐煤原煤构建
# 锆基催化剂

内蒙古褐煤的结构研究表明，褐煤具有非常稳定的碳骨架结构，且含有丰富的含氧官能团，尤其是酸性官能团。笔者所在课题组曾在胜利褐煤结构和反应性方面开展了大量研究工作。研究发现，褐煤结构中主要包括三种类型结构：①由芳香环构成的主体骨架结构；②由较短的烷烃链形成的桥键结构，起到连接骨架结构的作用；③由含氧官能团构成的侧链结构或桥键结构。骨架结构的芳香环数从 1 到 40 都可能，但主要以 1～3 个芳香环为主（＞90％）。烷烃链桥键主要以—$(CH_2)_2$—和—$(CH_2)_3$—为主，此外还存在 $C_{Ar}$—O—$C_{Ar}$、$C_{Ar}$—$CH_2$—O—$CH_2$—$C_{Ar}$ 等结构。在含氧官能团组成的侧链结构中，主要有羧基 $C_{Ar}$—COOH、酚羟基 $C_{Ar}$—OH、甲氧基 $C_{Ar}$—$OCH_3$ 等。芳香环、烷烃桥键等的化学性质比较稳定，不易断裂，使得褐煤具有比较稳定的空间立体结构。此外，本课题组研究发现，内蒙古褐煤中存在天然的孔道结构，尺寸从几百纳米到数十微米，且孔道结构具有较好的热稳定性。

以上结果表明，褐煤可以作为潜在的天然酸性催化剂或酸性配体：稳定的骨架结构决定了褐煤作为催化剂或催化剂载体具有良好的稳定性，丰富的酸性官能团提供了较多的酸性活性位点或与金属离子的作用位点，独特的孔道结构有利于催化剂的分散和反应传质过程。因此，将褐煤用作酸性催化剂或催化剂配体，有可能取得优良的催化效果；同时还具有原料储量丰富、价格低廉、制备过程相对简单等优点。

考虑到能源和材料的可持续供应，可再生生物质资源的转化对人类社会具有重要意义。催化转化是从生物质中获得有用化学物质的常用途径，具有反应条件相对温和、产物选择性高的优点。生物质原料可转化为各种化学物质，包括糠醛、醇类、短链烃类、5-羟甲基糠醛、乙酰丙酸及其酯类等。从生物质到目标产物的反应链中，羰基或醛基选择性加氢成相应的醇类化合物是一个常见步骤。Meerwein-Ponndorf-Verley（MPV）反应通常用于羰基化合物的选择性加氢，使 C ═C 双键保持完整。Zr 基催化剂因在 MPV 反应中具有高效性而被广泛使用，如 $ZrO_2$、Zr 沸石、Zr 醇盐、$Zr(OH)_4$、磷酸锆等。为了进一步提高 Zr 基催化剂的活性，使反应条件更温和，利用不同的有机或无机配体与 Zr 盐前驱体构建 Zr-有机复合催化剂成为构建高效催化剂的有效途径。在已有报道中常见的配体主要包括磷酸、4-羟基苯甲酸二钾盐、三聚氰尿酸、苯甲酸及其类似物等。在最近的工作中，含有 6 个磷酸基团的天然分子植酸被用于构建 Zr 基催化剂且表现出良好的催化活性。这一工作表明，利用天然存在的功能分子构建 Zr 基催化剂是构建高效催化剂的新思路。对于复合催化剂，催化剂的成本一般取决于活性金属、功能配体和催化剂的制备工艺。从降低催化剂成本的角度出发，探索更多可用的、低成本的原料，简化制备工艺，无疑对促进 Zr 基催化剂在生物质转化领域的应用具有重要意义。

将褐煤在温和条件下高值化利用和生物质转化高效催化材料开发相结合，本章设计了一种直接以褐煤为有机配体构建 Zr 基催化剂的新方法，该方法条件温和，对褐煤的自然结构不会造成显著破坏，是褐煤增值利用的新途径，且直接以褐煤作为生物质转化催化剂的配体，还具有价廉易得、原料丰富的特点，将所构建催化剂应用于生物质衍生分子的催化转化，对生物质资源的转化利用具有重要意义。本章以生物质衍生的羰基化合物选择性加氢制醇类物质为模型反应，评价催化剂的性能。具体设计思路如图 2-1 所示。

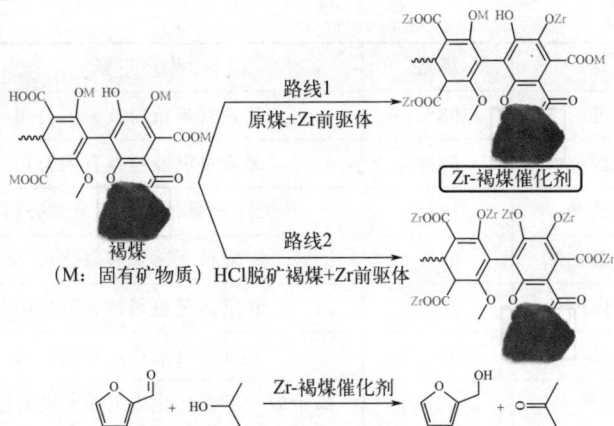

图 2-1　本章研究内容与思路：以褐煤为配体制备 Zr 基
催化剂及其在糠醛制糠醇中的应用

# 2.1　褐煤原煤构建锆基催化剂的方法

## 2.1.1　催化剂制备所需试剂及仪器

本章锆基催化剂制备所用主要化学试剂见表 2-1，所用主要
实验仪器见表 2-2。

表 2-1　实验试剂

| 名称 | 规格 | 生产厂家 |
|---|---|---|
| 八水氧氯化锆 | 99.9% | 北京百灵威科技有限公司 |
| 氢氧化钠 | 分析纯 | 天津永晟精细化工有限公司 |
| 盐酸 | 37% | 天津永晟精细化工有限公司 |
| 癸烷 | 99% | 北京化工厂 |
| 异丙醇 | 99.5% | 北京伊诺凯科技有限公司 |

| 名称 | 规格 | 生产厂家 |
|------|------|----------|
| 糠醛 | 98% | 北京百灵威科技有限公司 |
| 糠醇 | 98% | 北京百灵威科技有限公司 |
| 无水乙醇 | 分析纯 | 天津永晟精细化工有限公司 |
| 乙酰丙酸乙酯 | 99% | 阿拉丁试剂有限公司 |
| $\gamma$-戊内酯 | 98% | 北京百灵威科技有限公司 |
| 2-己酮 | 98% | 北京百灵威科技有限公司 |
| 2-己醇 | ＞98% | 梯希爱（上海）化成工业发展有限公司 |
| 己醛 | 96% | 北京百灵威科技有限公司 |
| 正己醇 | 98% | 北京百灵威科技有限公司 |
| 环己酮 | ＞99% | 北京百灵威科技有限公司 |
| 环己醇 | 98% | 北京百灵威科技有限公司 |
| 2,5-己二酮 | 95% | 梯希爱（上海）化成工业发展有限公司 |
| 2,5-己二醇 | 98.0% | 梯希爱（上海）化成工业发展有限公司 |

表 2-2  实验仪器

| 仪器名称 | 型号 | 生产厂家 |
|----------|------|----------|
| 不锈钢电热自控蒸馏水器 | YA.ZD-I.20 | 上海中安医疗器械厂 |
| 集热式恒温加热磁力搅拌器 | DF-101S | 郑州长城科工贸易有限公司 |
| 制样粉碎机 | 5E-PCIX100 | 长沙开元仪器股份有限公司 |
| 电子分析天平 | AB 104-N | 梅特勒-托利多仪器（上海）有限公司 |
| 标准筛振动机 | 5E-SS200 | 长沙开元仪器股份有限公司 |
| 循环水式多用真空泵 | SHZ-DⅢ | 河南巩义市英峪予华仪器厂 |
| 真空干燥箱 | DZF-3B | 北京市永光明医疗仪器厂 |

| 仪器名称 | 型号 | 生产厂家 |
|---|---|---|
| FCZ 磁力驱动高压釜 | FCZ | 大连科茂实验设备有限公司 |
| 电热恒温鼓风干燥箱 | DHG-9023A | 上海一恒科技有限公司 |
| 旋转蒸发仪 | RE52 | 上海嘉鹏科技有限公司 |
| 15mL 反应釜 | F15 | 江苏海安石油科研有限公司 |
| 台式高速离心机 | TG16-WS | 长沙湘智离心机仪器有限公司 |
| 超声清洗机 | PL-S60G | 东莞康士洁超声波科技有限公司 |
| 马弗炉 | SX3-3-10 | 杭州卓驰仪器有限公司 |

## 2.1.2 催化剂制备

（1）煤样选取与预处理

本书用煤为内蒙古锡林浩特市胜利煤田 2 号矿的褐煤。原煤先经颚式破碎机（5E-JCA）破碎，于 105℃下预干燥后，再通过粉碎机（5E-PCIX100）粉碎，筛选出 200～400 目（38～74$\mu$m）煤样，经 105℃干燥 4h 后得原煤样，记作 RSL。

原煤的脱矿物质过程采用本课题组之前报道的方法，具体为原煤 RSL 与质量分数为 18％的 HCl 溶液按 1g∶10mL 比例混合，以 100r/min 的转速搅拌洗涤 12h，静置 2h，用蒸馏水反复洗涤至无 Cl$^-$（利用 AgNO$_3$ 检验无白色沉淀）后过滤，105℃烘干 12h，获得脱矿物质煤样，记为 DSL。

本章所用焦煤来自蒙古国 Ovoot Tolgoi 煤田，长焰煤和无烟煤分别来自新疆淖毛湖煤田和宁夏太西煤田。各原煤经上述预处理和脱矿处理后，分别记为 DCC（demineralized coking coal）、DLFC（demineralized long flame coal）和 DAC（demineralized anthracite coal），用于本研究。

（2）催化剂制备

为了考察煤中固有矿物质在催化剂制备过程中的影响，本实验设计了两种路线，分别以胜利原煤和脱矿物质煤为原料制备了催化剂（见图 2-1，路线 1 和 2），催化剂的详细制备步骤与课题组之前报道的工作类似。以胜利原煤催化剂的制备为例，称取原煤粉末 1g，分散在 50mL 稀氢氧化钠溶液（0.1mol/L）中，于 80℃下搅拌 2h；冷却至室温后，用盐酸调节 pH 值为 2～3，静置 1h；将 1g 八水氧氯化锆颗粒溶于 50mL 蒸馏水中，并将该溶液与上述悬浊液混合，之后将体系置于 80℃油浴中搅拌反应 5h，冷却后过滤分离得到黑色沉淀；将沉淀用蒸馏水充分洗涤至少 5 次，直到滤液用 $AgNO_3$ 溶液检测无 $Cl^-$，再用乙醇洗涤 2 次，沉淀在真空 80℃下干燥 12h，研磨成粉末备用，记作 Zr-RSL。脱矿胜利褐煤催化剂的制备与 Zr-RSL 类似，制好后记为 Zr-DSL。以脱矿物质的焦煤、长焰煤和无烟煤的煤样为原料制备催化剂的方法同上，所制各催化剂分别记为 Zr-DCC、Zr-DLFC 和 Zr-DAC。

## 2.1.3　催化剂表征

（1）扫描电子显微镜（SEM）与能谱（EDS）

本书使用日立 SU8220 型号的扫描电子显微镜（SEM）表征催化剂形貌。测试时采用 20kV 加速电压和激发电压对样品进行扫描，利用二次电子信号成像观察样品表面的微观形貌。同时使用 EDS 配合 SEM 测试，利用不同元素 X 射线光子特征能量不同的特点，对材料微区成分的元素种类与含量进行分析。

（2）傅里叶红外光谱仪（FTIR）

使用 NEXUS670 型（美国尼高力仪器公司）傅里叶变换红外光谱仪表征所制催化剂中的官能团结构。测试前将样品和溴化钾分别充分干燥后备用，被测样品与溴化钾经充分研磨，混合压片后进行测试，图谱采集波数范围为 $400\sim4000cm^{-1}$。

（3）X 射线衍射仪（XRD）

使用德国 XD8 Advance-Bruker AXS 型 X 射线衍射仪对催化剂样品进行晶体结构分析，采用 Cu 靶（$\lambda=532nm$），Ni 滤波，Si-Li 探测器，测试电压为 40kV，测试电流为 40mA，测试扫描范围为 $5°\sim80°$，扫描速度为 $2°/min$。

（4）热重分析仪（TG）

使用 STA-100 热重分析仪（北京恒久科学仪器）对所制催化剂样品进行热稳定性测试，以考察催化剂在反应温度区间内是否能稳定存在。测试过程中，用样量 $<10mg$，氮气气氛下从室温开始加热，终温为 800℃，升温速率为 10℃/min。

（5）X 射线光电子能谱仪（XPS）

采用型号为 Thermo Scientific ESCALAB 250Xi（Thermo Fisher Scientific，Waltham，MA，USA）的 X 射线光电子能谱仪对催化剂样品进行测试，以分析样品分子结构和原子价态方面的信息。采用位置灵敏检测器（PSD），选用 Al K$\alpha$ 阳极激发，发射功率为 250W，通过能量为 200eV 和 50eV，分别用于宽程扫描和窄扫描，能量分辨率为 0.8eV，灵敏度为 80kcps，角分辨为 45°，分析室真空度为 $3.0\times10^{-7}$ Pa。扫描型 Ar$^+$ 枪，面积为 $300\times300\mu m^2$，溅射速率为 0.28nm/s，能量为 12kV，发射电流为 4.2mA。实验得到的元素电子结合能数值以 C1s（284.6eV）进行校正。采用 XPS Peak 软件对测试得到的 XPS 峰进行拟合。

（6）电感耦合等离子体发射光谱（ICP-OES）

采用 Thermo Fisher Scientific iCAP 7000 进行电感耦合等离子体发射光谱分析（ICP-OES）。首先，将样品放置在瓷舟中，置于马弗炉内以 1℃/min 的升温速率升温至 600℃，保持 4h。灰分利用浓盐酸（HCl）和浓硝酸（HNO$_3$）按体积比为 3:1 组成的王水溶解，常温下对灰酸解 24h，然后在 80℃ 条件下，将混合物中的酸蒸发掉。最后，用去离子水溶解酸解后的灰，定容后用 ICP 对溶液中的主要金属成分进行检测（定量分析）。分析条件：雾化器流量为 0.5L/min；功率为 1150W；蠕动泵转速为 50mL/min。

（7）氮气吸脱附测试（$N_2$-TPD）

氮气吸附-脱附等温线在 NOVA 4200e 分析仪（Quantachrome Co. Ltd .）上测量。通过 BET 法计算比表面积，根据 Barrett-Joyner-Halenda（BJH）模型利用吸附等温线推导出中孔体积。所有计算均基于吸附等温线。

（8）拉曼光谱（Raman）

采用英国 Renishaw inVia 显微拉曼光谱仪，采用 PristonC-CD 探测器进行信号收集。选用可见光（532nm）和激光（功率为 100mW）扫描。扫描范围为 $100\sim4000cm^{-1}$，曝光时间为 2s，步扫描模式，激光效率为 1%（即 0.3mW），扫描次数为 30 次。每个样品至少在三个不同区域采集三次数据，每个区域扫描条件相同，取这三个点的数据平均值进行分析。

## 2.1.4 转移加氢反应

（1）反应过程

本章实验的反应在 15mL 的不锈钢密封反应釜中进行。在反应釜中准确称量 1mmol 反应底物和一定量催化剂，同时加入异丙醇（5mL，4g）作为氢源和溶剂，常压下将反应釜密封后置于一个配有恒温加热磁力搅拌器的油浴锅内，在一定温度和时间下反应。反应结束后，将反应釜快速置于冰浴中冷却至室温。离心分离反应液与固体催化剂，上层清液经稀释后，加入 0.3mmol 癸烷作为内标，通过气相色谱定量分析反应液中产物与底物残留量。

（2）分析方法

使用中国天美科学仪器有限公司生产的 GC7900 气相色谱仪对反应混合物进行定性定量分析，以癸烷为内标，采用内标法绘制标准曲线，定量分析反应混合物中各组分含量。进样体积为 $2\mu L$，柱箱初始温度为 $50℃$，终温为 $230℃$，柱箱升温程序为先以 $5℃/min$ 的速率升温至 $170℃$，恒温 $1min$ 后，再以 $10℃/min$ 的速率升至终温，恒温 $2min$，进样器、检测器温度均为 $230℃$，检测器为氢火焰离子检测器。底物的转化率、目的产物的产率及选择性通过以下公式来计算：

$$转化率 = 1 - \frac{底物剩余物质的量}{底物起始物质的量} \times 100\%$$

$$产率 = \frac{目的产物物质的量}{目的产物理论物质的量} \times 100\%$$

$$选择性 = \frac{产物产率}{底物转化率} \times 100\%$$

## 2.1.5 催化剂稳定性和异质性实验

催化剂稳定性考察实验具体步骤如下，当一次反应结束后，将催化剂与反应液离心分离，移除反应上层清液，下层催化剂固体用异丙醇洗涤 3 次，每次异丙醇用量为 $2mL$，以除去残留在催化剂表面的反应液。然后加入 1mmol（0.0961g）新的反应底物于反应釜中，用作为氢源的 5mL 异丙醇将洗涤离心后的催化剂转移至反应釜中，密封反应釜后进行下一次反应。在催化剂回收使用过程中，应尽量减少催化剂的损失。

催化剂异质性实验具体过程为，反应进行到一定时间时停止，离心去除反应液中的催化剂，上层清液继续在同样条件下反应，每隔一段时间取出上层清液进行气相分析，检测催化剂移除后目标产物的产率是否继续增加。异质性实验主要考察在反应过程中催化剂的活性组分是否溶出至反应液中，从而判断催化剂是均相还是非均相。

## 2.2 褐煤原煤构建锆基催化剂的研究结果

### 2.2.1 催化剂筛选

由于褐煤结构复杂，制备催化剂过程中金属前驱体与褐煤的比例不易确定，为了寻找一个合适的原料配比，分别制备了 $ZrOCl_2 \cdot 8H_2O$ 与原煤（RSL）或酸洗脱矿煤（DSL）不同质量比的系列催化剂，在相同反应条件下（催化剂用量 0.2g，80℃，反应 6h），考察了各催化剂的活性，如图 2-2 所示。以褐煤原煤为催化剂，作为空白对照，发现糠醇产率为零，表明褐煤原煤对该反应无催化活性。通过比较可以看出，两条路径所制的 Zr-RSL 和 Zr-DSL 催化剂对糠醛的转化都是有效的，以原煤为配体所制的 Zr-RSL 催化剂的转化率和产率普遍高于酸洗脱矿煤所制的 Zr-DSL 催化剂，其中 Zr-RSL（1∶1）的转化率和产率达到最高，因此，本

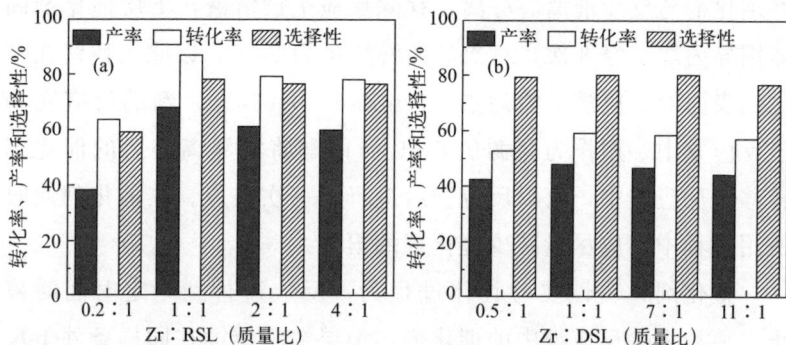

图 2-2 两条制备路径所制各比例催化剂活性

章选择 Zr-RSL（1：1）催化剂作为进一步研究的对象。

## 2.2.2 催化剂结构表征

用 SEM 表征了 RSL 和催化剂 Zr-RSL（1：1）的形貌 [图 2-3 (a)、(b)]。从图中可以看出，两者都是由不规则颗粒组成。与 RSL 相比，催化剂 Zr-RSL（1：1）的颗粒表面出现了一些小颗粒 [图 2-3 (b) 的内插图]。这可能是由于催化剂在制备过程中经过了氢氧化钠的预处理，使得原煤部分降解，导致原煤颗粒变得更小，并产生了一些分子量较小的分子。这些小分子物质的酸性含氧官能团与 $Zr^{4+}$ 相互作用，形成较小的颗粒团聚物。EDS 表征结果表明，RSL 的组成中不存在 Zr，而 Zr-RSL（1：1）催化剂中存在较强的 Zr 信号 [图 2-3 (c)、(d)]，这些结果表明 Zr 元素被成功引入了催化剂中。通过 EDS 图谱和 AAS 分析，

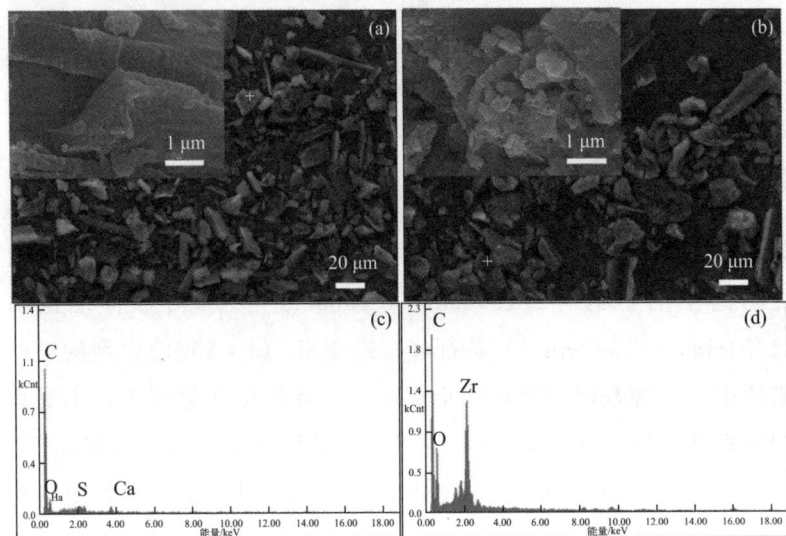

图 2-3 RSL 与 Zr-RSL（1：1）的 SEM-EDS 图
(a) RSL 的 SEM；(b) Zr-RSL（1：1）的 SEM；(c) RSL 的 EDS；
(d) Zr-RSL（1：1）的 EDS

Zr-RSL（1∶1）催化剂中 Zr 含量约为 6.7％（质量分数）。

采用粉末 XRD 对 RSL 和 Zr-RSL（1∶1）催化剂的晶体结构进行了表征。从图 2-4 可以看出，RSL 在 21°、27°左右有明显的衍射峰，对应于褐煤中的 $SiO_2$。在 Zr-RSL（1∶1）中，由于催化剂制备过程中经过了 NaOH 的处理，$SiO_2$ 峰变得非常微弱。RSL 和 Zr-RSL 在 20°～30°之间均有宽大的衍射带和很强的背景，表明二者结构中虽存在一些类石墨结构（结晶碳），但主要还是以无定形碳形式存在的高度无序材料。与 RSL 相比，引入 $Zr^{4+}$ 后，Zr-RSL（1∶1）的主要结构没有明显变化。

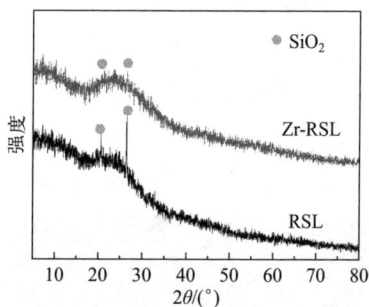

图 2-4　RSL 与 Zr-RSL（1∶1）的 XRD 图

RSL 与相应的 Zr-RSL 催化剂的红外光谱和拉曼光谱如图 2-5 所示。RSL 的红外谱图显示了与煤中固有矿物质结合后的羧酸盐阴离子的不对称（$1698cm^{-1}$，$1585cm^{-1}$）和对称伸缩振动（$1431cm^{-1}$，$1373cm^{-1}$）特征峰；Zr-RSL（1∶1）催化剂的红外谱图中，羧酸基团的特征峰更加明显，且峰位变化较小，不对称伸缩振动（$1695cm^{-1}$，$1639cm^{-1}$）和对称伸缩振动（$1455cm^{-1}$，$1395cm^{-1}$）特征峰如图 2-5（a）所示。羧酸盐阴离子的不对称和对称伸缩振动特征峰的波数差从 RSL 的 $212cm^{-1}$ 扩大到 Zr-RSL（1∶1）的 $244cm^{-1}$。这些结果表明，经过 NaOH 预处理后，RSL 中的固有金属离子被部分去除，且由于 Zr 前体溶液的酸性环境，部分羧酸盐以羧酸的形式存在于 Zr-RSL（1∶1）中。在 Zr-RSL（1∶1）的 FTIR 光谱中，出现了新峰 1547cm$^{-1}$ 和 1518cm$^{-1}$，表明 $Zr^{4+}$ 通过与羧酸盐阴离子相互作用而引入催化剂中。Si—O 键对应的 1040cm$^{-1}$ 左右的峰值从 RSL 到 Zr-RSL（1∶1）逐渐减弱，说明在催化剂制备过程中，硅酸盐矿物被部分去除。

利用拉曼光谱对褐煤原煤和 Zr-RSL（1∶1）催化剂的碳骨架结构进行了表征 [图 2-5（b）]。观察到 1366cm$^{-1}$ 和 1587cm$^{-1}$ 处两个典型峰，分别归属于样品中的无序碳带（D 带）和石墨带（G 带）。RSL 和 Zr-RSL（1∶1）催化剂 D 带与 G 带的相对强度（$I_D/I_G$）分别为 0.73 和 0.69。Zr-RSL（1∶1）的 $I_D/I_G$ 下降的原因可能是在制备催化剂的过程中进行了水洗涤，导致具有无序碳结构的小分子的含量减少，D 带强度减弱。总体而言，Zr 物种的引入对原煤碳结构没有显著影响。

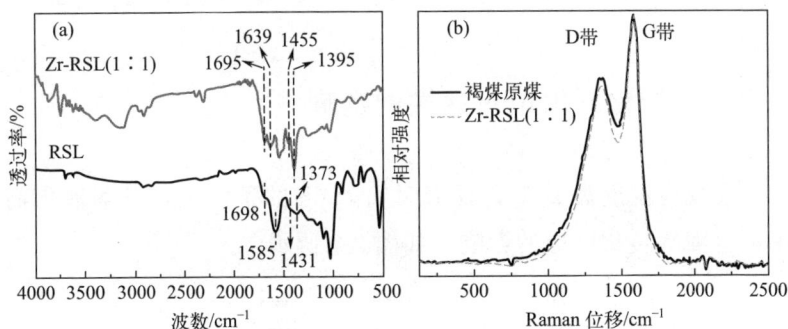

图 2-5　RSL 与 Zr-RSL（1∶1）的 FTIR（a）和 Raman（b）谱图

RSL 和 Zr-RSL（1∶1）的热稳定性通过 TG 表征比较（图 2-6）。在 180℃ 以下，RSL 和 Zr-RSL（1∶1）的质量损失分别为 6% 和 4%，此温区的失重可认为是材料表面吸附水和乙醇的受热脱附。从约 200℃ 到约 400℃ 的失重阶段可能是由于 RSL 和 Zr-RSL（1∶1）中的侧链和小分子的分解，而 400℃ 之后的失重阶段可能是由于碳骨架结构的热解。在整个加热过程中，相同温度下 Zr-

RSL（1∶1）的质量损失略小于 RSL，这可能是由于 Zr-RSL（1∶1）在制备过程中经过了不同溶剂的洗涤，去除了部分煤中与 $Zr^{4+}$ 结合较弱或不结合的小分子。最终 RSL 和 Zr-RSL（1∶1）的质量损失分别为 43% 和 38%。以上结果表明，所制催化剂在低于 200℃ 的反应温度下具有良好的热稳定性。

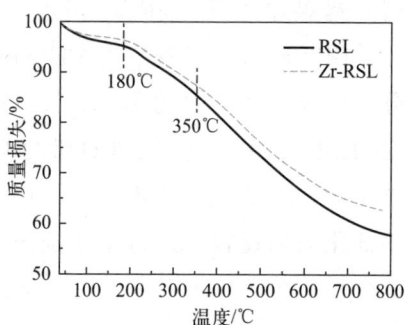

图 2-6　RSL 与 Zr-RSL（1∶1）的 TG 图

## 2.2.3　催化剂用量对活性的影响

在反应温度为 80℃，反应时间为 6h 的条件下，考察催化剂用量对糠醛转化反应的影响，如图 2-7 所示。

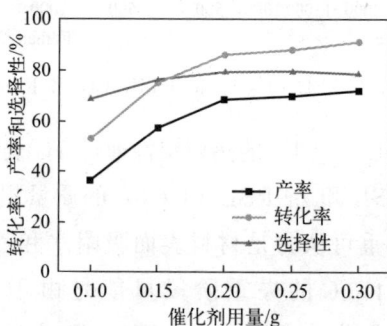

图 2-7　催化剂用量对 Zr-RSL（1∶1）反应性的影响

由图 2-7 可知，在催化剂用量较低的情况下，转化率和产率均随催化剂用量的增加而明显提高。当催化剂用量超过 0.2g 时，转化率和产率的增加不显著。这可能是由于高催化剂用量使反应体系浓度增加，不利于反应过程中的传质和反应的后处理。因此，选择 0.2g 作为合适的催化剂用量，该条件下转化率为 86.1%，产率为 68.4%，选择性为 79.5%。

## 2.2.4 反应温度对催化剂活性的影响

固定催化剂用量为 0.2g，反应时间为 6h，考察反应温度对 Zr-RSL（1∶1）催化剂反应性能的影响，如图 2-8 所示。低于 90℃时，转化率和产率随反应温度的增加而显著提高，到 90℃时转化率、产率和选择性分别为 93.4%、80.9% 和 86.7%，而进一步提高反应温度到 100℃，转化率、产率和选择性的增加速率减缓。综合考虑反应的能量输入和反应速率，选择 90℃为该反应条件下的最适反应温度。

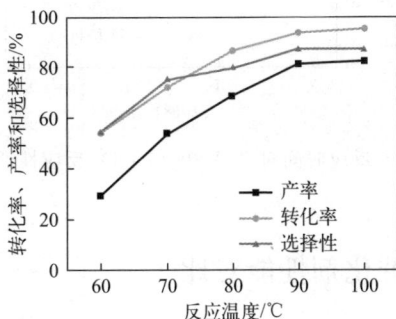

图 2-8 反应温度对 Zr-RSL（1∶1）反应性的影响

## 2.2.5 反应时间对催化剂活性的影响

在确定了催化剂最佳反应温度为 90℃，用量为 0.2g 的条件下，考察 Zr-RSL（1：1）催化剂的反应性随反应时间的变化，如图 2-9 所示。结果表明，随着反应时间的延长，产物产率明显提高。在当前反应条件下，反应 6h 的转化率、产率和选择性分别为 93.4％、80.9％和 86.7％。进一步延长反应时间可以实现底物的几乎完全转化，而产物产率略有下降。GC 谱图中出现了几个未知的弱峰，反应溶液经 GC-MS 分析，未检测到明显的副产物，这可能是由于可溶副产物的浓度极低，大多数副产物是由糠醛或糠醇分子在溶剂中聚合而形成的不溶物。如后续的新鲜和循环催化剂的 TG 比较分析图所示，循环后的催化剂在 600℃左右的失重（30.6％）略大于新鲜催化剂（29.4％），间接表明不溶性产物形成并吸附在催化剂上。

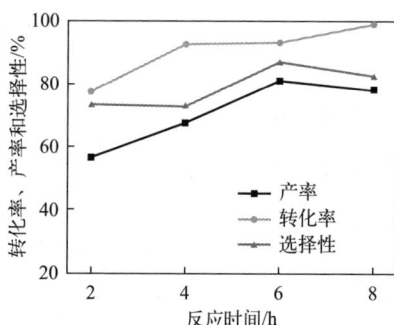

图 2-9　反应时间对 Zr-RSL（1：1）反应性的影响

## 2.2.6　加氢催化剂性能对比

锆基催化剂因在转移加氢反应中具有高效性而被广泛使用，尤其是利用不同的有机或无机配体与 Zr 盐前驱体构建的 Zr-有机复合催化剂成为近年来的研究热点，本书将所制备的 Zr-RSL 催化剂活性与文献中典型的锆基转移加氢催化剂活性进行了比较，如表 2-3 所示。对比表 2-3 的 1～6 行可以看出，各锆基催化剂的反应条件均较为温和，在相似的反应条件下，所制备的 Zr-RSL（1∶1）催化剂的转化率和产物选择性虽与典型的 Zr-催化剂相似，但 TOF 值要高于其他催化剂。另外，表 2-3 的 7～10 行还列出了其他过渡金属基的转移加氢催化剂（如 Fe、Ni、Mg），这些催化剂通常需要更高的温度才能实现与锆基催化剂接近的转化率和产率。

表 2-3　Zr-RSL（1∶1）与文献中糠醛转移加氢典型催化剂活性的对比

| 序号 | 催化剂 | 反应条件 | 转化率/% | 产率/% | 选择性/% | TOF[①]/$h^{-1}$ |
|---|---|---|---|---|---|---|
| 1 | Zr-RSL（1∶1） | IPA[②]，90℃，6h | 93.4 | 80.9 | 86.7 | 1.0 |
| 2 | Zr-Has | IPA，50℃，15h | 97.4 | 96.9 | 99.0 | 0.1 |
| 3 | Zr-TMSA | IPA，70℃，5h | 93.6 | 89.5 | 95.6 | 0.4 |
| 4 | Zr-PhyA[③] | IPA，100℃，2h | 99.3 | 99.3 | 100.0 | 0.8 |
| 5 | Zr-SBA-15 | IPA，90℃，6h | 50.0 | 40.0 | 80.0 | 0.8 |
| 6 | Zr-PN[④] | IPA，100℃，15h | 93.0 | 90.0 | 96.8 | 0.4 |
| 7 | $\gamma\text{-}Fe_2O_3$@HAP[⑤] | IPA，180℃，3h | 96.2 | 91.7 | 95.3 | —[⑥] |
| 8 | Fe/NC[⑦] | IPA，160℃，15h | 91.6 | 76.0 | 83.0 | 0.6 |
| 9 | Ni-Cu/$Al_2O_3$[⑧] | IPA，200℃，4h | 95.4 | 95.4 | 100 | 10.9 |
| 10 | MgO | IPA，170℃，5h | 100.0 | 74.0 | 74.0 | 0.6 |

　　① 转化频率（TOF）＝糠醇的物质的量/（活性金属锆的物质的量×反应时间）。

　　② IPA 为异丙醇。

　　③ Zr-PhyA 为 Zr-植酸。

　　④ Zr-PN 为 Zr-有机磷酸。

　　⑤ 羟磷灰石包覆的磁性 $\gamma\text{-}Fe_2O_3$，反应为无金属参与反应，文中没有给出活性位点数。

　　⑥ 文献中未给出确切的活性中心数。

　　⑦ Fe/NC 为氮掺杂的碳载体。

　　⑧ Ni-Cu/$Al_2O_3$，Ni 为计算 TOF 的活性中心金属。

对于糠醛选择性转化制糠醇的反应，通常有两种路径，一种是本书中采用的以二元醇（异丙醇）或甲酸为氢源的催化转移加氢反应，另一种为以氢气为氢源的直接加氢反应。以 $H_2$ 为氢源的加氢路径通常用到贵金属催化剂和过渡金属催化剂，其中贵金属催化剂在较温和的反应条件下通常比过渡金属催化剂表现出更高的效率和 TOF 值。但不管是用贵金属催化剂还是过渡金属催化剂，该路径均需在较高的压力下进行。因此，与以 $H_2$ 为氢源的过渡金属催化剂相比，本章所制备的 Zr-RSL（1∶1）催化剂与之反应效果接近，但反应条件更温和。从反应条件、原料成本、制备工艺的方便性、催化剂成本等方面综合比较，本书所构建的 Zr-RSL 催化剂与贵金属及其他过渡金属催化剂相比具有一定的优势。

## 2.2.7　催化剂稳定性

将 Zr-RSL（1∶1）催化剂的转化率控制在 50％左右（条件为：Zr-RSL（1∶1）用量为 0.2g，反应温度为 90℃，反应时间为 2h），此时反应速率和底物浓度正相关，反应结果主要取决于催化剂本身的活性，在此条件下考察了该催化剂的循环使用性，如图 2-10 所示。结果表明，该催化剂可以重复使用，但转化率、产率甚至选择性均随着循环次数的增加而逐渐降低。转化率和产率分别从第一次使用时的 56.3％和 48.3％下降到第 5 次使用时的 31.5％和 21.6％。实验中发现，离心回收过程中催化剂的损失，会导致催化剂性能下降 [图 2-10（a）]。因此，在第 5 次使用后，添加新鲜的催化剂来弥补催化剂的损失 [图 2-10（a）中的第 6 次使用]。第 6 次循环反应结果表明，转化率和产率分别恢复到 45.2％和 35.3％，与第二次使用时基本持平，说明催化剂损耗是导致催化剂性能下降的重要原因。

褐煤氧化解聚及解聚产物利用

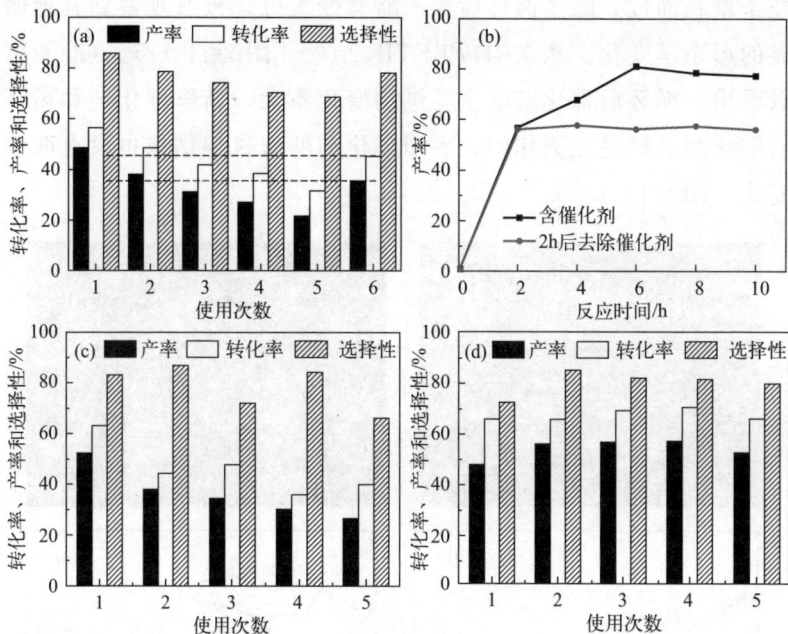

图 2-10　催化剂的循环使用性和异质性

(a) Zr-RSL (1:1) 循环使用性；(b) Zr-RSL (1:1) 异质性；(c) 400℃、N$_2$ 氛围下处理 3h 后的 Zr-RSL (1:1) 循环使用性（反应时间 5h）；(d) Zr-DSL (1:1) 循环使用性（70℃，12h）

还应注意的是，即使添加了新鲜催化剂，转化率和产率仍然分别比第一次使用低 11.1% 和 13.0%，这说明可能还有其他因素影响催化剂的循环使用性能。通过异质性实验，考察是否是活性物种浸出导致活性降低 [图 2-10 (b)]，结果表明，固相催化剂从反应体系移出后，产物产率没有进一步提高，说明活性物质没有溶解到溶剂中，证实了催化反应的是多相催化剂。EDS 和 AAS 结果显示，新鲜催化剂和循环后催化剂的 Zr 含量均在 6.4% 左右，表明无明显的 Zr 元素浸出。进一步对新鲜和循环后 Zr-RSL 催化剂的结构进行了系列表征，比较考察催化剂循环使用前后结构上是否有显著变化（图 2-11）。从 SEM 图中可以看出 [图 2-11 (a)、(b)]，新鲜的和循环后的催化剂都是由不规则的粒子堆积而成，除了循环后粒子略有变大外，没有观察到其他明显的形态学变化。从 XRD 和 FTIR 结果［图 2-11（c）、（d）］可以看出，循环后催化剂的主要结构变化不大。新鲜催化剂和循环后催化剂的拉曼光谱相似，表明催化剂的碳骨架结构也没有明显变化［图 2-11（e）］。

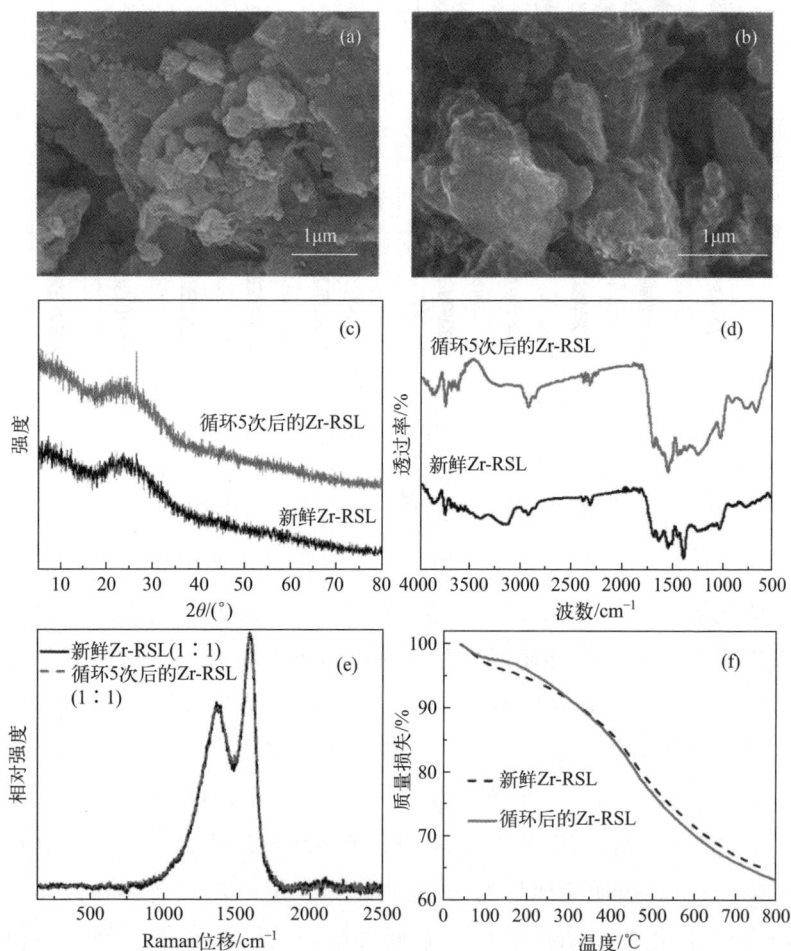

图 2-11　新鲜的 Zr-RSL 催化剂和循环 5 次后的催化剂的对比

新鲜和循环后催化剂的 TG 对比分析表明，在 600℃ 左右，循环后催化剂的失重（30.6%）略大于新鲜催化剂（29.4%）[图 2-11 (f)]。这一结果表明可能是催化剂吸附了一些副产物，覆盖了活性位点，导致性能下降。为了提高催化剂微观结构的稳定性，尝试将新鲜 Zr-RSL（1∶1）在 400℃ 和 $N_2$ 气氛下预处理 3h，以增强 Zr 与褐煤的相互作用，其循环使用性结果如图 2-10 (c) 所示。预处理后，催化剂的活性下降，需要反应较长的时间（5h）才能达到未经预处理时 Zr-RSL（1∶1）催化剂反应 2h 就能达到的催化效果，但催化剂的稳定性在一定程度上得到改善，循环 5 次后，转化率和产率分别从 63.1% 和 52.5% 减少到 40.1% 和 26.5%，略优于没有预处理的 Zr-RSL（1∶1），第一次使用后，转化率几乎保持不变。这些结果表明，微观结构的稳定性也会影响催化剂的循环使用性。由于在制备 Zr-RSL（1∶1）的过程中使用了褐煤原煤，推测固有矿物质可能会影响催化剂的循环使用性。因此，研究了以盐酸脱矿褐煤为原料制备 Zr-DSL（1∶1）的循环使用性 [图 2-10 (d)]。从图中可以看出，Zr-DSL（1∶1）的循环使用性良好，重复 5 次性能没有下降。

上述结果证明，催化剂回收过程中的损耗是导致 Zr-RSL（1∶1）循环使用性下降的主要原因，微观结构的稳定性和煤中固有矿物的存在也对其循环使用性有一定影响，将原煤酸洗脱矿物质后再制备催化剂能够显著提高催化剂的循环使用性。

值得注意的是，虽然在制备催化剂前没有对褐煤进行溶剂预处理和热预处理，但在气相色谱分析中没有检测到褐煤中明显的杂质，其原因可能是在催化剂形成后进行了不同溶剂的洗涤，可以去除煤中不与 $Zr^{4+}$ 结合的小分子。另一个可能的原因是 $Zr^{4+}$ 的加入使煤中的大分子结合在一起，形成了稳定的网状结构，因此反应过程中催化剂不会脱落小分子物质，具有良好的结构稳定性。

## 2.2.8 底物普适性及煤种适用性

（1）底物普适性

除了糠醛外，实验将所制催化剂用于其他羰基化合物的转化，包括醛类和酮类化合物（见表2-4），以考察所制备催化剂对不同结构底物的普适性。

表 2-4  Zr-RSL（1∶1）催化转化不同羰基化合物[①]

| 序号 | 反应物 | 产物 | $T/℃$ | $t/h$ | 转化率/% | 产率/% | 选择性/% |
|---|---|---|---|---|---|---|---|
| 1 | | | 90 | 6 | 93.4 | 80.9 | 86.7 |
| 2 | | | 100 | 16 | 94.9 | 91.8 | 96.7 |
| 3 | | | 160 | 12 | 92.4 | 81.1 | 88.5 |
| 4 | | | 100 | 10 | ＞99 | 97.4 | 98.4 |
| 5 | | | 160 | 15 | 94.2 | 92.9 | 98.6 |
| 6 | | | 120 | 7 | 93.3 | 35.6 | 38.1 |
|  |  | |  |  |  | 22.4 | 24.0 |

① 反应条件：底物 1mmol，异丙醇 5mL，Zr-RSL（1∶1）0.2g，其他条件如表中所示。

表 2-4 的结果表明，Zr-RSL（1∶1）催化剂对所考察的这些底物也是有效的。相比较而言，醛类化合物（本例中为糠醛和己

醛，表 2-4 中第 1～2 行）在较低的温度下转化，且转化率和产率较高，而酮类化合物通常需要较高的温度（表 2-4 中第 3～6 行）。在研究的酮类化合物中，环己酮可以在较温和的条件下转化，而其他酮类底物，尤其是长脂肪链的酮类，需要相对高的反应温度和较长的反应时间才能与醛类产生类似的转化效果。这些结果可能是由于链状酮类底物的较大结构引起的空间位阻造成的。Zr-RSL 催化剂对二酮类化合物（本例中为 2,5-己二酮，表 2-4 中第 6 行）的转化也有一定效果，转化率为 93.3%，总产率为 58.0%（2,5-己二醇，35.6%；2,5-二甲基四氢呋喃，22.4%）。上述结果表明，本章构建的 Zr-RSL 催化剂对不同结构的羰基化合物的转化是有效的。

（2）煤种适用性

上述研究表明，利用褐煤原煤或脱矿物质褐煤制备锆基催化剂（Zr-RSL 和 Zr-DSL）催化 MPV 反应的技术路线是可行的，且所制备的催化剂是高效的。进一步探索了该路线对不同煤种的适用性，利用脱矿物质的亚烟煤（长焰煤）、烟煤（炼焦煤）和无烟煤（太西煤）等典型煤种制备了锆基催化剂，分别为 Zr-DLFC、Zr-DCC 和 Zr-DAC，并与脱矿物质的褐煤（胜利褐煤）制备的 Zr-DSL 催化剂进行了性能对比，分析了不同催化剂的比表面积和锆含量，见表 2-5。

表 2-5　不同种煤制备的催化剂对糠醛制糠醇的活性比较

| 序号 | 煤样 | 催化剂 | Zr 含量（质量分数）/% | BET /(m²/g) | 转化率/% | 产率/% | 选择性/% |
|---|---|---|---|---|---|---|---|
| 1 | 褐煤 | Zr-DSL | 17.3 | 27.9 | 95.0 | 71.2 | 74.9 |
| 2[①] | 褐煤 | Zr-DSL | 17.3 | 27.9 | 91.5 | 83.5 | 91.3 |
| 3 | 亚烟煤[②] | Zr-DLFC | 9.6 | 22.1 | 89.5 | 83.6 | 93.4 |

| 序号 | 煤样 | 催化剂 | Zr 含量（质量分数）/% | BET /(m²/g) | 转化率/% | 产率/% | 选择性/% |
|---|---|---|---|---|---|---|---|
| 4 | 烟煤③ | Zr-DCC | 0.2 | 6.7 | 31.8 | 10.1 | 31.8 |
| 5 | 无烟煤④ | Zr-DAC | 0.6 | 2.6 | 31.4 | 6.7 | 21.3 |

注：反应条件为糠醛 1mmol，异丙醇 5mL，催化剂 0.2g，反应温度 90℃，反应时间 5h。

① 反应温度 70℃，反应时间 12h。

② 亚烟煤（DLFC）即 demineralized long flame coal。

③ 烟煤（DCC）即 demineralized coking coal。

④ 无烟煤（DAC）即 demineralized anthracite coal。

表 2-5 的结果表明，随着煤阶从褐煤、烟煤增高到无烟煤，催化剂的比表面积呈下降趋势，Zr 含量总体也呈下降趋势。可能的原因是煤中包含酸性含氧基团的腐殖质组分含量随着煤级的增加而降低，导致与 $Zr^{4+}$ 的相互作用位点减少，Zr 含量降低。对于褐煤而言，Zr-DSL 在较低温度（70℃）下通过延长反应时间甚至比在较高温度（90℃）下的转化效果更好（表 2-5 中第 1～2 行）。长焰煤的转化率、产率和选择性与褐煤相当。而对于煤阶较高的煤（炼焦煤和太西煤），催化剂的催化性能不如煤阶较低的煤，转化率和选择性较低，这可能是由于 Zr 含量和比表面积较低的原因。在所研究的反应条件下，提高 Zr-DCC 和 Zr-DAC 催化剂的用量会使反应体系浓度增加，对传质产生不利影响。因此，不同煤制得的催化剂的性能受催化剂表面积和 Zr 含量的影响。与高阶煤相比，低阶煤更适宜于通过本章建立的技术路线制备高效锆基催化剂。

## 2.2.9 催化机理分析

根据催化剂的表征结果和文献报道，对 Zr-RSL 催化羰基化合物加氢的可能机理进行了推测，如图 2-12 所示。

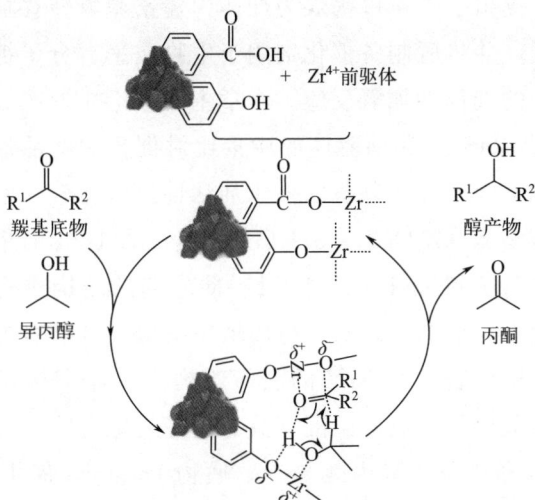

图 2-12 Zr-RSL 催化羰基化合物 MPV 反应的可能机理

在 Zr-RSL 催化剂中，$Zr^{4+}$ 和 $O^{2-}$（褐煤中的羧酸基团和/或酚羟基）分别作为路易斯酸性位点和碱性位点，是 MPV 反应中的活性位点。首先，异丙醇与催化剂中的酸-碱位点（$Zr^{4+}$-$O^{2-}$）相互作用使其结构中的羟基解离成为相应的醇氧基和活性氢，同时，底物吸附在催化剂上，催化剂中路易斯酸性位点 $Zr^{4+}$ 与底物羰基氧原子作用，羰基氧原子被还原为烷氧负离子，底物中的羰基和异丙醇中的羟基分别被激活。之后，羰基化合物的羰基碳、氧原子，异丙醇叔碳原子及其上的氢原子和羟基氧、氢原子，共同形成一个六元环过渡态，活化的底物分子与解离的醇之间通过这个六元环过渡态结构发生氢转移反应，从而形成相应产物。羰基转化为羟基，异丙醇转化为丙酮。

## 2.3 小结

综上所述，本章利用褐煤中的天然含氧酸性官能团、孔道和骨架结构，提出了直接以褐煤为配体构建锆基氢转移加氢催化剂的技术路线，并将所制备催化剂用于生物质平台分子糠醛和其他羰基化合物的选择性加氢反应。本章主要结论如下：

① 褐煤原煤与 Zr 前驱体的质量比对催化剂的活性有重要影响，通过对不同条件下制备的催化剂活性进行比较，筛选出褐煤原煤与锆前驱体（$ZrOCl_2 \cdot 8H_2O$）质量比为 1：1 时催化剂活性较高。通过对所制 Zr-RSL（1：1）催化剂的结构进行表征，表明催化剂为无定形结构，$Zr^{4+}$ 与褐煤中的酸性含氧官能团（主要是羧基）配位结合，且 $Zr^{4+}$ 的引入对褐煤主体结构没有显著影响；所制备催化剂在反应温度下具有良好的稳定性。

② 优化条件下［异丙醇 5mL、底物 1mmol、催化剂 Zr-RSL（1：1）0.2g、反应温度为 90℃、反应时间为 6h］，糠醛转化率、糠醇产率和选择性分别达到 93.4%、80.9% 和 86.7%；催化剂的循环使用性和异质性实验表明，Zr-RSL（1：1）催化剂为非均相催化剂，煤中固有矿物质会降低催化剂的循环稳定性，褐煤经酸洗脱除矿物质后再制备催化剂能显著提高催化剂的循环稳定性。

③ 所制备的催化剂对不同结构的羰基化合物均表现出优良的催化转化效果，具有良好的底物普适性。

④ 煤阶适用性分析表明，本章提出的催化剂制备路线适用于不同种类的中低阶煤，而高阶煤因其酸性含氧官能团含量较少，所制备催化剂锆含量较低，因此不适宜用本方法制备催化剂。

# 第3章

# 褐煤解聚产物构建
# 金属催化剂

第二章研究表明，直接利用褐煤制备锆基催化剂的路线是可行的，但所制备催化剂的比表面积较小（26.1m²/g），且循环使用性实验表明，随循环次数增加，催化剂活性下降，催化剂稳定性较差，一方面可能受固有矿物质的影响，另一方面酸性含氧官能团含量较少，使得与金属锆结合较弱；利用酸洗脱矿褐煤制备催化剂能提高催化剂循环稳定性，但催化剂活性降低。为进一步提高酸性含氧官能团含量，提升催化剂性能，需要对褐煤进行处理。氧化解聚是增加褐煤含氧官能团的有效途径。通过解聚利用褐煤是一种新兴的褐煤资源利用途径。但到目前为止，报道的工作大部分集中在开发新的解聚工艺或根据所获得的解聚产物的结构信息研究原始褐煤的结构。相比之下，如何进一步利用解聚产物的研究较少，探索褐煤氧化解聚产物新型利用途径对促进解聚路线的实际应用具有重要意义。

本课题组前期研究表明，直接利用从褐煤中提取的腐植酸混合物构建催化剂的路线是可行的。但腐植酸在褐煤中含量有限，仅利用腐植酸构建催化剂褐煤的整体利用效率较低。钌离子催化氧化（RICO）是一种在温和条件下褐煤解聚的有效方式，且能够更有效地分解煤大分子结构，可以得到小分子脂肪酸和苯羧酸等有用化学品，但是目前的文献报道中多是将 RICO 作为研究煤结构时获取待分析样品的一个手段，而对 RICO 解聚产物中这些高值化学品的直接利用还未见报道。本章综合 RICO 在褐煤解聚方面的高效性和解聚产物中富含羧基功能化合物这一特点，利用褐煤 RICO 解聚产物不经分离直接构建催化剂，重点考察 RICO 解聚产物构建催化剂的可行性和对不同类型催化剂的普适性，设计制备了解聚产物-Zr 加氢催化剂、解聚产物-Cu 氧化催化剂和解聚产物-Fe 光催化催化剂，分别以羰基类物质的加氢反应、醇类物质的氧化反应和有机染料的光催化降解反应为模型反应评价催化剂性能，以考察制备路线的普适性，同时分析了解聚产物不同组分对催化剂活性的影响以及催化剂制备过程中解聚产物的利用率，本章研究思路与内容如图 3-1 所示。

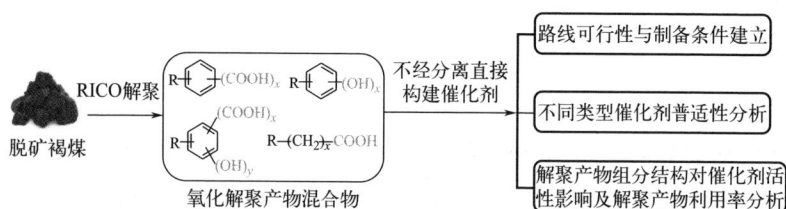

图 3-1　本章研究思路与内容

# 3.1　褐煤解聚产物构建金属催化剂的方法

## 3.1.1　催化剂制备所需试剂及仪器

本章各类催化剂制备所用主要化学试剂见表 3-1。

表 3-1　本章中使用的主要化学试剂

| 试剂名称 | 规格 | 生产厂家或来源 |
| --- | --- | --- |
| 一水醋酸铜 | ＞98％ | ACROS ORGANICS 精细化学品供应商 |
| N,N-二甲基甲酰胺 | 99.9％ | 阿拉丁试剂有限公司 |
| 苯甲醇 | 99.5％ | 北京百灵威科技有限公司 |
| 苯甲醛 | 98％ | 北京百灵威科技有限公司 |
| 2,2,6,6-四甲基哌啶氧化物 | 98％ | 北京百灵威科技有限公司 |
| 无水碳酸钠 | 分析纯 | 天津永晟精细化工有限公司 |
| 肉桂醇 | 99％ | 北京伊诺凯科技有限公司 |
| 肉桂醛 | ＞95％ | 方舟药业 |
| 藜芦醇 | ＞98％ | 方舟药业 |

| 试剂名称 | 规格 | 生产厂家或来源 |
|---|---|---|
| 藜芦醛 | 99% | 阿法埃莎（中国）化学有限公司 |
| 对甲基苯甲醇 | 98% | ACROS ORGANICS 精细化学品供应商 |
| 对甲基苯甲醛 | 98% | 阿法埃莎（中国）化学有限公司 |
| 萘甲醇 | >98% | 阿法埃莎（中国）化学有限公司 |
| 萘甲醛 | 98% | 北京伊诺凯科技有限公司 |
| 对氯苯甲醇 | 97% | 方舟药业 |
| 对氯苯甲醛 | 98% | 方舟药业 |
| 酚醛树脂催化剂 | BR | 阿拉丁试剂有限公司 |
| 罗丹明 B（RhB） | | 北京伊诺凯科技有限公司 |
| $N,N$-二甲基甲酰胺 | 99.9% | 阿拉丁试剂有限公司 |
| 苯甲酸钠 | 99% | 北京百灵威科技有限公司 |
| 邻苯二甲酸 | 99% | 北京百灵威科技有限公司 |
| 间苯二甲酸 | 99.5% | 北京百灵威科技有限公司 |
| 对苯二甲酸 | 99% | 北京百灵威科技有限公司 |
| 均苯三甲酸 | 99% | 北京百灵威科技有限公司 |
| 1,2,3-苯三甲酸 | 99% | Fluoro chem 试剂公司 |
| 1,2,4-苯三甲酸 | 99% | Fluoro chem 试剂公司 |
| 均苯四甲酸 | >96% | 北京百灵威科技有限公司 |
| 苯五酸 | >98% | 梯希爱（上海）化成工业发展有限公司 |
| 苯六酸 | >98% | 梯希爱（上海）化成工业发展有限公司 |
| 乙二酸 | 分析纯 | 天津市风船化学试剂科技有限公司 |
| 戊二酸 | 99% | 北京百灵威科技有限公司 |
| 丁二酸 | 99% | 北京百灵威科技有限公司 |

本章所用其他实验仪器详见第二章表 2-2。

## 3.1.2　褐煤钌离子催化氧化解聚

如第一章所述，钌离子催化氧化（RICO）反应条件温和，解聚效率高，本章采用 RICO 的方式解聚褐煤，以所得解聚产物为配体，制备各类金属催化剂。解聚过程同文献报道类似，具体如下，先后将 2g 脱矿物质褐煤［脱矿过程如 2.1.2（1）所述］、50mg $RuCl_3$、50mL $CH_3CN$、50mL $CCl_4$ 和 75mL 蒸馏水加入 250mL 的圆底烧瓶中，在 35℃下磁力搅拌 2h，使样品分散均匀，得到混合物 1（RM1）。然后在 RM1 中加入 16g $NaIO_4$，在 40℃下搅拌 48h，得到反应混合物 2（RM2），过滤后滤液经旋转蒸发除去溶剂，之后在 80℃真空干燥箱中干燥 12h，烘干样品研磨成粉末备用，记为 DM。

## 3.1.3　锆基解聚产物催化剂制备及催化糠醛加氢反应

（1）锆基解聚产物催化剂的制备

以解聚产物（DM）和 $ZrOCl_2 \cdot 8H_2O$ 为原料，制备锆基催化剂。将一定量的 DM 和 $ZrOCl_2 \cdot 8H_2O$ 分别溶于 100mL 蒸馏水中，将 DM 溶液缓慢滴入锆前驱体溶液中，80℃下磁力搅拌反应 5h，得到棕色悬浊液，经过离心或过滤，将沉淀用蒸馏水洗涤至少 5 次，用乙醇洗涤 2 次，直到滤液经 $AgNO_3$ 溶液检测无 $Cl^-$，沉淀在真空 80℃下干燥 12h，研磨成粉末备用，记作 Zr-DM。

（2）Zr-DM 催化糠醛加氢反应

详细催化反应过程如 2.1.4 所述。

## 3.1.4 其他金属基解聚产物催化剂制备及对相关反应的催化

（1）铜基解聚产物催化剂的制备

铜基解聚产物催化剂的制备与课题组之前报道的文献类似。具体为，将一定量的 DM 和 Cu（OAc）$_2$·H$_2$O 分别溶解在 50mL 蒸馏水中，之后将两种溶液混合，并在 30℃ 的水浴中搅拌反应 3h，反应结束后，离心分离混合物，所得沉淀用蒸馏水洗 3 次，乙醇洗 1 次。洗涤后的沉淀置于真空下 80℃ 干燥 12h，干燥样品研磨成粉末备用，记作 Cu-DM。

（2）Cu-DM 催化醇类氧化反应

醇类化合物选择性氧化制备相应羰基化合物（醛或酮）的反应是有机化学研究及工业生产中重要的单元反应之一。其中，苯甲醇在有机化工产品生产中用途广泛，如用于涂料溶剂、稳定剂、合成树脂溶剂、纤维及塑料薄膜的干燥剂、染料、纤维素酯以及制取苄基酯或醚的中间体等等。苯甲醇通过选择性氧化制备的苯甲醛又称为安息香醛，为苯的氢被醛基取代后形成的有机化合物，苯甲醛是工业上最常用的、结构最简单的芳醛，是多种医药、染料、香料合成以及树脂工业的重要原料。传统工业生产中，醇类化合物氧化反应过程中的氧化剂多采用高碘试剂、铬酸盐、高锰酸盐等，这些氧化剂大都存在原子利用率低、三废排放量大等缺点，随着可持续发展和环境保护要求的日益增高，传统醇氧化体系的弊端越来越难以忽视。因此如何采用高效催化剂实现醇类的绿色选择性氧化已成为众多学者研究的热点之一。

数十年来，已有文献相继报道了 Pd、Ru、Au、Ir 等贵金属催化剂催化醇类的氧化，但这些贵金属催化剂由于价格昂贵，往往难以大规模工业化利用。故自 1984 年铜基催化剂被报道催化醇类选择性氧化以来，使用廉价的过渡金属铜制备相应的铜基催化剂，用以催化醇类氧化吸引了学者们的广泛关注。铜基催化剂不仅具有与贵金属接近的催化活性，而且能够有效避免催化剂与底物中的氮、硫等杂原子配位失活，因此铜基催化剂具有更广泛的底物普适性。目前已报道的铜基催化剂往往需要价格昂贵且结构复杂的配体，同时制备过程较为复杂。因此，寻找一种廉价的催化剂制备原料，在相对简单的制备条件下制备出高效的铜基催化剂，对醇类化合物的氧化仍然具有重要的意义。

本章以苯甲醇氧化制苯甲醛为模型反应考察所制备 Cu-DM 催化剂的催化氧化活性。实验过程中，准确称取 1mmol 苯甲醇、0.5mmol 2,2,6,6-四甲基哌啶氧化物（TEMPO）、1mmol 碳酸钠以及一定量的催化剂于反应釜中，并加入 5mL DMF 作为溶剂，密封反应釜后向其中充入一定压力的 $O_2$ 作为氧化剂，之后将反应釜置于油浴锅中进行反应。反应结束后将反应釜置于冰浴中冷却以迅速停止反应，冷却后将反应混合物转移至离心管中，离心分离出上清液，向其中加入 0.3mmol（0.0427g）癸烷作为内标物，稀释至 9mL 后，上清液经 GC 进行定量分析。反应的转化率、产率以及选择性的计算方法同 2.1.4 所列。

（3）铁基解聚产物催化剂的制备

铁基催化剂的制备参考相关文献，并按铁前驱体与 DM 的质量比为 1:1 制备，详细过程如下，0.2g $FeCl_3 \cdot 6H_2O$ 和 0.2g DM 缓慢加入 5mL DMF 溶液中，室温下搅拌 10min 使混合物充分分散，然后转移到容积为 15mL 带有特氟龙内衬的不锈钢高压釜中，在 150℃下搅拌反应 2h，之后反应釜经自然冷却到室温，收集的产品在 6000r/min 下离心 2min，将获得的棕色沉淀悬浮于 200mL 蒸馏水中过夜，然后离心，沉淀在真空 60℃下干燥 24h，干燥样品研磨成粉末后备用，记为 Fe-DM。

（4）Fe-DM 催化罗丹明光降解反应

光催化氧化法是一种有效降解水中有机污染物的环境净化技术，具有高强度的氧化性，许多难降解的有机污染物能够被反应过程中产生的强氧化性的羟基自由基深度氧化，达到净化污水的目的。在众多的光催化氧化催化剂中，金属有机骨架材料（metal-organic frameworks，MOFs）因具有比表面积大、孔道丰富、稳定性好、合成方便等优异的性能而备受关注。

金属有机骨架类催化剂构建的核心是寻找合适的配体与金属配位，目前 MOFs 光催化剂的制备多是以多元芳香羧酸或其衍生物为原料，例如，有研究者以对苯二甲酸为配体构建了铁基光催化剂 $Fe_3O_4/MIL$-53（Fe），该催化剂可有效地活化过氧化氢，产生自由基，从而在可见光照射下有效地降解罗丹明 B，并根据对羟基自由基的检测和瞬态光电流响应的实验结果，研究并提出了 $Fe_3O_4/MIL$-53（Fe）的活化机理，证实了在可见光照射下，$Fe_3O_4/MIL$-53（Fe）与 $H_2O_2$ 的协同作用可以提高光催化活性。由于多元芳香羧酸价格较为昂贵，作为催化剂制备原料会在很大程度上增加 MOFs 材料的合成成本，也限制了它的规模化应用。因此，寻找更为廉价丰富的合成原料将有利于 MOFs 光催化剂的制备和规模化应用。

本书参考上述文献，利用富含羧酸的褐煤解聚产物 DM 与铁盐的配位作用，构建了 Fe-DM 催化剂，并用于催化罗丹明（RhB）模型化合物的光降解反应。Fe-DM 催化剂催化光降解罗丹明的反应过程如下，将 0.01g Fe-DM 催化剂加入 25mL 10mg/L 的 RhB（pH＝5）中，然后向其中加入一定量 25mmol/L $H_2O_2$ 水溶液，混合液置于自然光照下反应。每间隔 20min 取一次样品，然后离心取部分上清液进行分析，剩余上清液及沉淀再转入反应体系中继续反应。采用 UV-1800PC-DS2（MAPADA）分光光度计测定上清液中剩余 RhB 的吸光度，其最大吸收波长为

554nm，再根据标准曲线计算出 RhB 的浓度。

## 3.1.5 解聚产物中不同组分锆基和铜基催化剂制备

采用高效液相色谱（HPLC，岛津 LC-20AT）对 RICO 解聚产物进行分析检测，检测条件：流动相为乙腈和 0.1%（体积分数）磷酸水溶液，固定相是 $C_{18}$ 键合硅胶柱（$C_{18}$ Shim-pack，$5\mu m$），紫外检测波长为 235nm，流动相流速为 0.8mL/min，柱温为 45℃。采用二元梯度洗脱，程序如下：首先在乙腈和磷酸水溶液的比例为 5/95 的条件下开始运行，经过 10min 二者的体积比匀速增至 15/85，然后在此条件下保持 38min，最后，二者体积比经过 2min 匀速下降再次回到 5/95，并保持，待下一次进样。检测结果如图 3-2 所示，与标准品的 HPLC 对比分析表明，解聚产物中主要含有苯六酸（BHA，2 号峰）、苯五酸（BPA，3 号峰）、均苯四甲酸（1,2,4,5-BTA，4 号峰）、偏苯三甲酸（1,2,4-BTA，7 号峰）、连苯三甲酸（1,2,3-BTA，8 号峰）、邻苯二甲酸（1,2-BDA，9 号峰）；另外，5 号和 6 号峰可能是均苯四甲酸的同分异构体。由于部分低含量的解聚产物可能未被检测到，因此结合检测结果和文献报道的 RICO 典型解聚产物组成，选取图 3-3 所示的 13 种有机酸制备催化剂，考察不同结构解聚产物对催化剂活性的贡献和影响。

以不同结构的羧酸为配体制备锆基催化剂的方法与 Zr-DM 的制备类似，所不同的是由于部分羧酸在水中不易溶，故在与锆前驱体混合前先加入氢氧化钠溶液将羧酸完全中和；另外，由于用羧酸纯品构建催化剂时羧酸中羧酸根已知，所以锆前驱体与羧酸根的摩尔比均按照完全配位（即 $Zr^{4+}$ 与—COOH 摩尔比为 1∶4）的比例制备催化剂。铜基催化剂的制备与 Cu-DM 的制备类似，且也按照完全配位的比例制备。

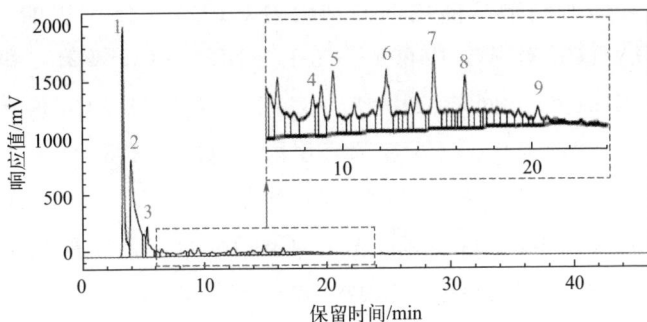

图 3-2 RICO 解聚产物液相色谱图

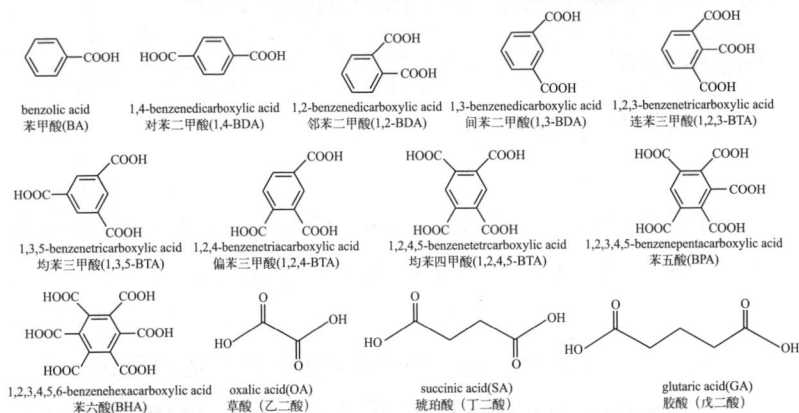

图 3-3 褐煤 RICO 解聚产物中典型有机羧酸的结构和名称

实验所考察 13 种羧酸所制锆基催化剂分别记为 Zr-BA（Zr-苯甲酸）、Zr-1,4-BDA（Zr-对苯二甲酸）、Zr-1,2-BDA（Zr-邻苯二甲酸）、Zr-1,3-BDA（Zr-间苯二甲酸）、Zr-1,2,4-BTA（Zr-偏苯三甲酸）、Zr-1,2,3-BTA（Zr-连苯三甲酸）、Zr-1,3,5-BTA（Zr-均苯三甲酸）、Zr-1,2,4,5-BTA（Zr-均苯四甲酸）、Zr-BPA（Zr-苯五酸）、Zr-BHA（Zr-苯六酸）、Zr-OA（Zr-乙二酸）、Zr-SA（Zr-丁二酸）和 Zr-GA（Zr-戊二酸）催化剂，便于后续研究和讨论。

各羧酸所制铜基催化剂分别记为 Cu-BA（Zr-苯甲酸）、Cu-1,4-BDA（Cu-对苯二甲酸）、Cu-1,2-BDA（Cu-邻苯二甲酸）、Cu-1,3-BDA（Cu-间苯二甲酸）、Cu-1,2,4-BTA（Cu-偏苯三甲酸）、Cu-1,2,3-BTA（Cu-连苯三甲酸）、Cu-1,3,5-BTA（Cu-均苯三甲酸）、Cu-1,2,4,5-BTA（Cu-均苯四甲酸）、Cu-BPA（Cu-苯五酸）、Cu-BHA（Cu-苯六酸）、Cu-OA（Cu-乙二酸）、Cu-SA（Cu-丁二酸）和 Cu-GA（Cu-戊二酸）催化剂。

# 3.2 褐煤解聚物构建锆基加氢催化剂

## 3.2.1 催化剂筛选

由于解聚产物 DM 的组成复杂，其中所含羧酸官能团的量很难确定。制备了 $ZrOCl_2 \cdot 8H_2O$ 与 DM 质量比分别为 0.1∶1、0.5∶1、1∶1、2∶1 和 4∶1 的系列催化剂，通过观察催化剂制备过程中上清液变化的不同，从而确定催化剂合适的配比。如图 3-4 所示，随 $ZrOCl_2 \cdot 8H_2O$ 用量的增加，上清液颜色变化不同。未加入金属时，DM 在水中的溶解度很好，形成棕色的均相溶液（0∶1），且将 DM 直接加入反应体系时，底物糠醛没有转化，表明 DM 本身没有催化活性。随着 $ZrOCl_2 \cdot 8H_2O$ 用量的增加，与 DM 形成悬浊液，经离心后，上清液的颜色从棕色变到无色透明（1∶1），说明此时锆前驱体与 DM 中的羧酸完全配位形成沉淀，继续增加锆量，酸性增强，影响了锆前驱体与 DM 中羧酸的配位反应，沉淀量反而减少（2∶1 与 4∶1）。综合考虑解聚物中有机组分的利用率和催化剂的收率，最终选择比例为 1∶1 的催化剂进一步研究。

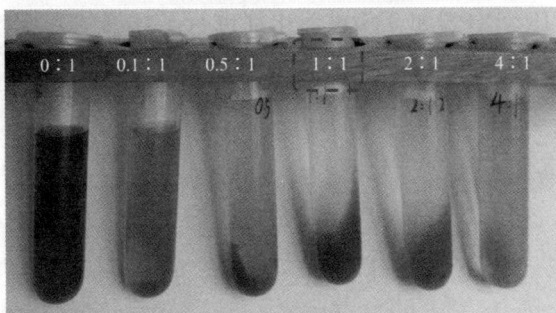

图 3-4　锆前驱体与解聚产物不同质量比所制 Zr-DM 催化剂的光学照片（见彩插）

## 3.2.2　氧化解聚产物表征

为方便观察引入金属离子形成催化剂后的结构变化，将 RI-CO 解聚产物 DM 的部分表征结果列出，如图 3-5 所示。

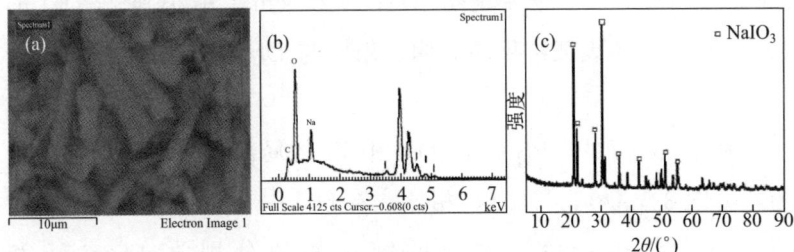

图 3-5　DM 的 SEM（a）、EDS（b）和 XRD（c）表征结果

从 SEM 图上可以看出，解聚产物中存在柱状形貌物质，EDS 上显示有碘和钠的峰；XRD 分析也表明，解聚产物中含有碘酸钠无机盐。这可能是 RICO 过程中作为共氧化剂的高碘酸钠被还原成为了碘酸钠的缘故。

## 3.2.3　催化剂结构表征

为了更好地了解 Zr-DM 催化剂的结构，使用 SEM-EDS、

XRD、FTIR、XPS 和 TG 对催化剂进行了详细的表征。

SEM 结果表明，Zr-DM 催化剂与 DM 的柱状形貌不同［图 3-5（a）］，是由形状不均匀的颗粒组成的［图 3-6（a）］，说明在 Zr-DM 制备过程中，催化剂经过水洗和醇洗后，残留的柱状碘酸钠被除去，只留下呈颗粒状的 Zr-DM 催化剂。从 EDS 图上可以看出，$Zr^{4+}$ 与 DM 相互作用后，DM 中的 Na 信号消失［图 3-5（b）］，出现较强的 Zr 信号［图 3-6（b）］。Zr-DM 的 XRD 图谱也与 DM 不同，在 20°～30°之间有宽大的衍射带和很强的背景，是无定形的非晶结构［图 3-6（c）］，不存在碘化钠晶体峰［图 3-5（c）］。图 3-6（d）比较了 DM 和 Zr-DM 催化剂的红外光谱测试结果，可以看出，羧酸基团非对称振动特征峰（DM，$1617cm^{-1}$；Zr-DM，$1578cm^{-1}$）和对称振动特征峰（DM，$1397cm^{-1}$；Zr-DM，$1371cm^{-1}$）的波数差从 DM 的 $220cm^{-1}$ 缩小到 Zr-DM 的 $207cm^{-1}$。上述表征结果均表明，$Zr^{4+}$ 与 DM 中的羧酸基团进行了配位。

利用 Zr 3d 的 XPS 对 Zr-DM 中 Zr 的局部化学环境进行了检测，见图 3-6（e）。与 $ZrO_2$ 相比，Zr-DM 中 Zr 3d5/2 和 Zr 3d3/2 两个电子结合能峰（对应的结合能值分别为 182.6eV 和 185.0eV）均向高结合能方向位移。Zr 3d 的结合能越高，说明 Zr 原子上的正电荷越多，Zr 的路易斯酸性越强。Zr 的高路易斯酸性可以提高 Zr-DM 催化剂的活性。

热重分析表明，在 95℃时，所制催化剂有 14% 的少量失重，这是由于吸附在催化剂上的水和乙醇受热脱附造成的；254℃左右的失重可能是由于 Zr-DM 中的侧链和小分子的分解，催化剂最终总失重在 50% 左右；而催化剂在 200℃以下的反应温度下具有良好的稳定性［图 3-6（f）］。

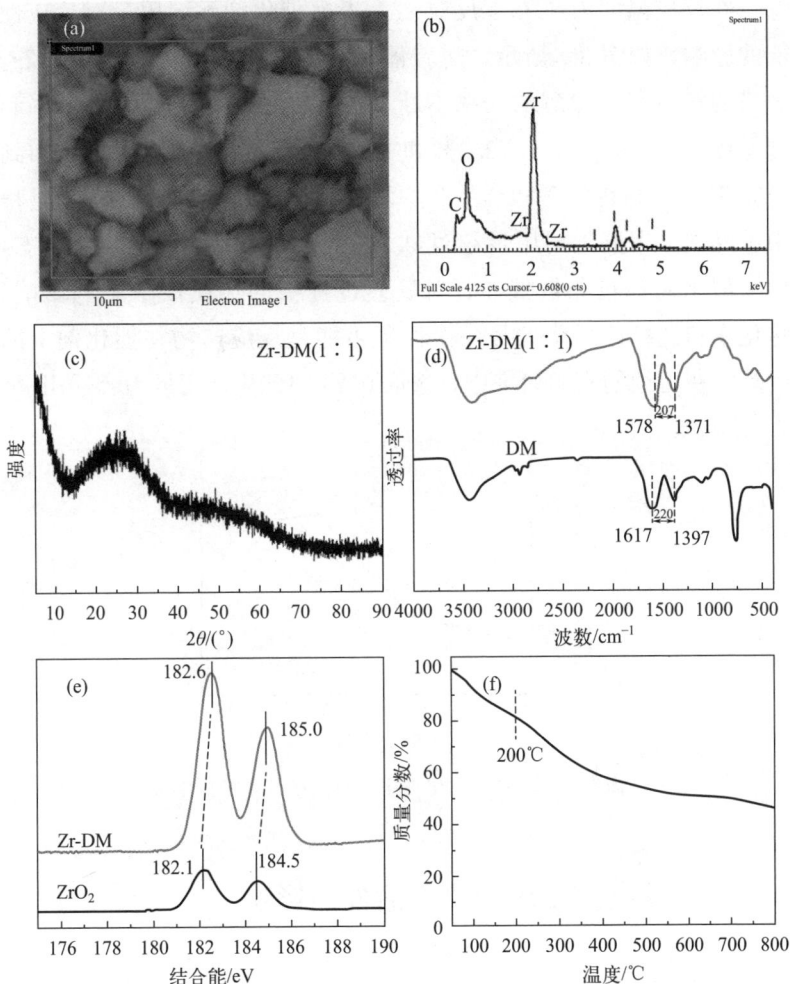

图 3-6　Zr-DM 的表征［SEM（a）、EDS（b）、XRD（c）、
FTIR（d）、XPS（e）和 TG（f）］

## 3.2.4　催化剂用量对活性的影响

考察了 Zr-DM 催化剂用量对催化剂性能的影响。

在反应温度为80℃下反应2h，考察催化剂不同用量对反应性能的影响，如图3-7所示，随着催化剂用量从0.05g增加到0.2g，糠醛的转化率和糠醇的产率不断增加，0.2g时，转化率、产率和选择性分别为85.6%、72.3%和90.3%；但当催化剂用量增加到0.3g时，底物转化率和产品产率均呈略微下降趋势。在实验过程中也发现，当催化剂用量超过0.2g时，反应体系呈现浆液状态，导致催化剂颗粒分散性差，对反应过程中的传质产生不利影响。转化率和选择性下降的另一个原因可能是反应产物在催化剂上的吸附。在后续的实验研究中，选取0.2g的催化剂用量为合适用量。

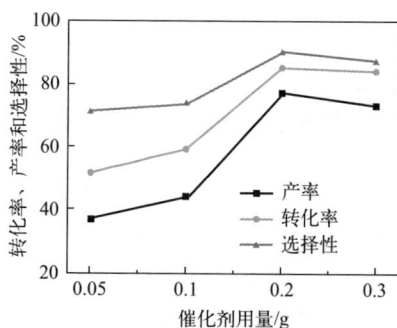

图 3-7 Zr-DM 催化剂用量对反应结果的影响

## 3.2.5 反应温度对催化剂活性的影响

固定催化剂用量为0.2g，反应时间为2h，考察反应温度对催化剂性能的影响，如图3-8所示。在90℃之前，随温度的升高，糠醛的转化率和糠醇的产率明显提高，到90℃时，二者分别达到90.4%和86.1%；然而，随着温度的继续升高，尽管转化率仍然以较慢的速度增加，产率和选择性却略有下降，推测是由于部分副产物的形成。因此，在目前的反应条件下，以90℃为适宜温度进行后续研究。

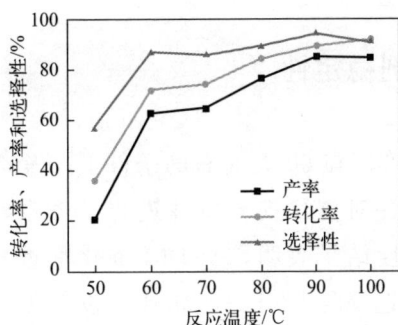

图 3-8　反应温度对反应结果的影响

## 3.2.6　反应时间对催化剂活性的影响

如图 3-9 所示，在催化剂用量为 0.2g，反应温度为 90℃下，考察反应时间对催化剂性能的影响，发现当反应时间从 0.5h 增加到 2h 时，糠醛的转化率和糠醇的产率显著增加，从 2h 增加到 4h 时，转化率、产率和选择性增加缓慢，4h 时达到该条件下的最大值（转化率为 92.5%，产率为 90.5%，选择性为 97.8%）。当反应时间继续延长至 6h，反应物的转化率略有增加，但糠醇的产率和选择性开始下降，可能是反应时间的延长，导致了醇醛缩合副产物的生成。

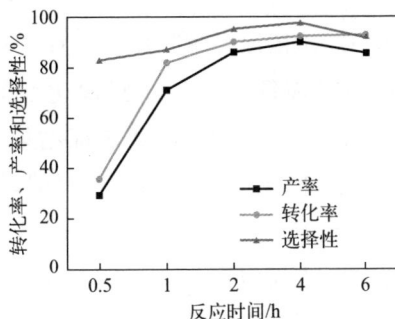

图 3-9　反应时间对反应结果的影响

## 3.2.7 催化剂稳定性

控制催化剂产率在 60 ％左右的条件下，考察 Zr-DM 催化剂的循环使用性，并对催化剂异质性进行了考察，结果如图 3-10 所示，循环使用性结果表明，Zr-DM 催化剂重复使用 10 次后，转化率、产率和选择性与第一次相比，没有显著下降［图 3-10（a）］。这说明催化剂具有良好的稳定性。Zr-DM 的异质性结果表明，反应 30min 后移除催化剂，产率不再随反应时间的延长而增加，说明催化剂活性中心没有溶出到反应液中，表明催化剂为非均相催化剂［图 3-10（b）］。

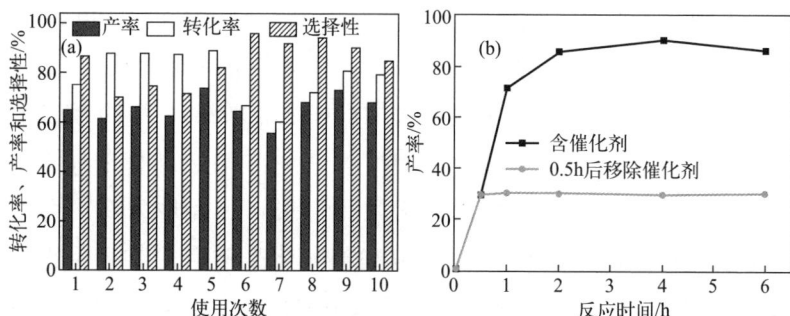

图 3-10　Zr-DM 催化剂的循环使用性和异质性

通过 SEM、粉末 XRD 以及 FTIR 等表征方式对重复使用 10 次的催化剂结构进行了表征，并与新鲜催化剂的结构进行了对比，具体如图 3-11 所示。从图中 SEM 表征结果可以看出，循环使用后的催化剂［图 3-11（b）］的形貌与新鲜催化剂相似［图 3-11（a）］，均为不规则颗粒状；XRD 结果显示，循环使用后催化剂与新鲜催化剂一样，仍为无定形结构；而从 FTIR 图上也可以看出，循环使用前后催化剂各官能团的出峰位置几乎一致，没有发生位移。这些结果表明，催化剂重复使用 10 次后，结构和性能均没有发生明显变化，进一步证明了该催化剂具有良好的稳定性。

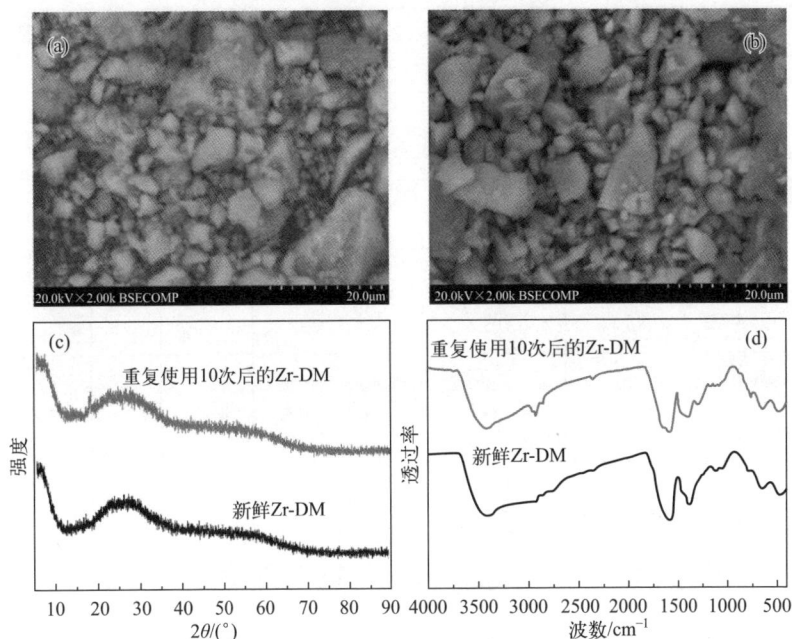

图 3-11　新制 Zr-DM 催化剂与循环后催化剂的表征结果
[新鲜催化剂（a）和循环使用 10 次后的催化剂（b）的 SEM、
FTIR 谱图（c）和 XRD 谱图（d）]

## 3.2.8　底物拓展

以上研究表明，所制备的 Zr-DM 催化剂具有良好的糠醛转移加氢性能，且催化剂稳定，可重复使用多次。基于此，将 Zr-DM 催化剂应用于其他不同结构的羰基化合物的加氢转化，以考察 Zr-DM 催化剂对不同底物的普适性。结果见表 3-2，从表中可以看出，Zr-DM 对所考察的各化合物均有良好的活性，不同结构的底物所需反应温度和反应时间不同，但在较优条件下各底物转化率可达 90％以上，说明 Zr-DM 催化剂具有广泛的底物适用性。

表 3-2　Zr-DM（1∶1）催化剂对不同羰基化合物的催化效果

| 序号 | 反应物 | 产物 | $T$/℃ | $t$/h | 转化率/％ | 产率/％ | 选择性/％ |
|---|---|---|---|---|---|---|---|
| 1 | | | 90 | 4 | 92.5 | 90.0 | 97.3 |
| 2 | | | 100 | 16 | 95.7 | 81.7 | 85.4 |
| 3 | | | 160 | 12 | 95.3 | 90.8 | 95.3 |
| 4 | | | 120 | 5 | 95.7 | 85.1 | 88.9 |
| 5 | | | 160 | 16 | 94.2 | 80.6 | 85.6 |
| 6 | | | 140 | 10 | 89.7 | 76.6 | 85.4 |
|  |  | |  |  |  | 6.4 | 7.1 |

注：反应条件为，底物 1mmol，异丙醇 5mL，Zr-DM（1∶1）0.2g，其他条件见表中所示。

## 3.2.9　解聚产物锆基催化剂与原煤锆基催化剂比较

将所制备的解聚产物锆基催化剂的相关参数与上一章的原煤催化剂进行了比较，如表 3-3 所示。

从表 3-3 可以看出，解聚产物锆基催化剂的锆含量和比表面积均比原煤锆基催化剂大，而从反应条件来看，在相同的反应温度和催化剂用量下，两种催化剂达到 90％转化率所需时间不同，

Zr-RSL 所需时间更长，且产率和选择性不及 Zr-DM。对比分析表明，与用褐煤原煤制备催化剂相比，用氧化解聚产物构建的锆基催化剂性能更为优异。

表 3-3　解聚产物锆基催化剂与原煤锆基催化剂比较

| 项目 | Zr-DM（1∶1） | Zr-RSL（1∶1） |
|---|---|---|
| Zr 含量（质量分数）/% | 25.1 | 6.4 |
| BET/($m^2$/g) | 219.7 | 26.1 |
| 转化率/% | 90.4 | 93.4 |
| 产率/% | 86.1 | 80.9 |
| 选择性/% | 95.2 | 86.7 |
| 所需时间/h | 2 | 6 |
| TOF | 0.59 | 0.64 |

注：1. 反应条件为，底物 1mmol，异丙醇 5mL，催化剂用量 0.2g，反应温度 90℃。

2. 转化频率（TOF）是按照反应温度为 70℃时的产率计算的结果。

## 3.3　褐煤解聚物构建其他类型催化剂

### 3.3.1　褐煤解聚物构建铜基氧化催化剂

#### 3.3.1.1　Cu-DM 制备条件优化

在制备 Cu-DM 的过程中，为确定合适的铜前驱体与 DM 的配比，制备了 Cu（$CH_3COO$）$_2$·$H_2O$ 与 DM 质量比分别为 1∶4、1∶2、1∶1、2∶1 和 4∶1 几种催化剂。各比例样品反应离心后的现象如图 3-12 所示，从图中可以看出，不加铜时，DM 在水中呈棕色，逐渐增加铜的用量，当二者比例为 2 : 1 和 4 : 1 时，离心上清液主要以铜离子的绿色为主，DM 的棕色消失，认为此时 DM 中的羧酸与铜前驱体配位结合较为充分，形成大量沉淀，$Cu^{2+}$ 处于过量状态。为进一步筛选出最合适配比，以催化苯甲醇选择性氧化为苯甲醛的反应为模型，考察了两种催化剂的活性，如表 3-4 所示，铜前驱体与 DM 的比例为 2 : 1 的样品对苯甲醇的催化能力更强，转化率和产率均高于 4 : 1 的样品。故而选择比例为 2 : 1 的催化剂进行后续研究。

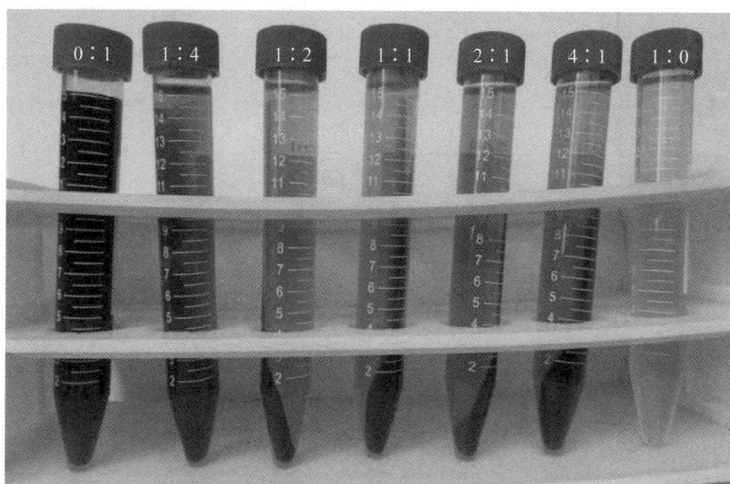

图 3-12  铜前驱体与解聚产物不同质量比所制 Cu-DM 催化剂的
光学照片（见彩插）

表 3-4  两种比例 Cu-DM 催化剂的活性比较

| 样品 | 转化率/% | 产率/% | 选择性/% |
|---|---|---|---|
| Cu-DM（2 : 1） | 46.5 | 43 | 92.6 |
| Cu-DM（4 : 1） | 35.9 | 34.3 | 95.4 |

注：反应条件为，80℃，1.5h；苯甲醇 1mmol，催化剂 40mg，$Na_2CO_3$ 1mmol，TEMPO 0.5mmol，DMF 5mL，$O_2$ 压力为 0.1MPa。

## 3.3.1.2 Cu-DM 表征

对所制备的 Cu-DM（1∶1）催化剂进行了系列表征，如图 3-13 所示。

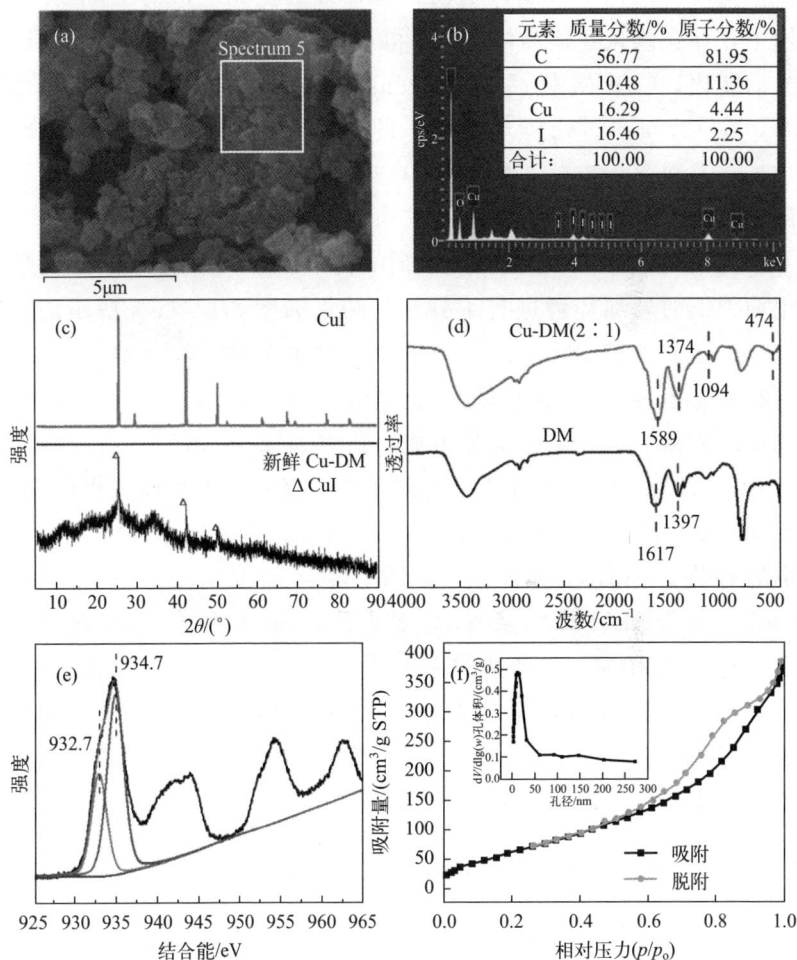

图 3-13 Cu-DM 表征 [SEM（a）、EDS（b）、XRD（c）、
FTIR（d）、XPS（e）和 $N_2$ 吸脱附曲线（f）]

通过 SEM 分析研究了 Cu-DM 的形貌，如图 3-13（a）所示，Cu-DM 表现为由不规则颗粒组成的小团聚体。Cu-DM 的 EDS 图中显示有 Cu 和 I 原子。采用粉末 XRD 对 Cu-DM 的晶体结构进行表征，如图 3-13（c）所示，结果表明 Cu-DM 整体为无定形结构，但具有碘化亚铜晶体的衍射峰，说明在无定形的 Cu-DM 结构中，存在碘化亚铜晶体，CuI 和 Cu-DM 共存。与 DM 的 FTIR 光谱相比，Cu-DM 样品在 1589cm$^{-1}$ 处呈现 C=O 的伸缩振动峰，在 1374cm$^{-1}$ 处呈现 C—O 的对称伸缩振动峰，同时，在 474cm$^{-1}$ 和 1094cm$^{-1}$ 处呈现 Cu—O 特有的伸缩振动峰，证明了部分铜与 DM 中含氧官能团的成功结合［图 3-13（d）］。

为了揭示 Cu-DM 催化剂中铜的化学状态，采用 XPS 法对催化剂中铜的局部环境进行了分析，结果如图 3-13（e）所示。在 Cu 2p 的 XPS 谱中，950.0～965.0eV 之间的两个峰分别为 Cu 2p 1/2 的电子能结合中心峰和卫星峰；而 Cu 2p 3/2 的信号由 932.7eV 和 934.7eV 两部分组成，前者归属于 Cu$^{+/0}$，后者归属于 Cu$^{2+}$。Cu$^+$ 和 Cu$^0$ 因结合能只有约 0.3eV 的差别而难以区分。在 937.0～947.0eV 之间出现的 Cu 2p 3/2 卫星峰也证实了二价铜的存在。因此，制备的 Cu-DM 催化剂同时含有 Cu$^{+/0}$ 和 Cu$^{2+}$。结合 SEM-EDS 及 XRD 等表征，Cu$^{+/0}$ 和 Cu$^{2+}$ 分别对应于 CuI 和 Cu-DM，二者共同存在。

氮气吸附-脱附表征如图 3-13（f）所示，图上显示的等温线为带有特征迟滞环的 IV 型等温线，表明 Cu-DM 催化剂以介孔为主，催化剂平均孔径为 12nm，比表面积为 242.8m$^2$/g。

### 3.3.1.3　氧气压力对 Cu-DM 活性的影响

在苯甲醇的选择性氧化反应过程中，氧气起到氧化剂的重要作用。在催化剂用量为 0.16g，反应温度和时间分别为 80℃ 和 1.5h 的条件下，向反应体系中充入不同压力的氧气，考察氧气压力对反应的影响，实验结果如图 3-14 所示。

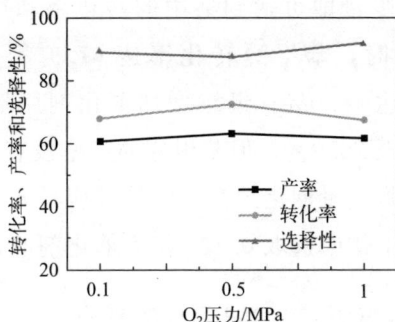

图 3-14　$O_2$ 压力对苯甲醇氧化反应的影响

从图中可以看出当充入反应釜中氧气压力从 0.1MPa 增加到 1.0MPa 时，苯甲醇的转化率和苯甲醛的产率没有太大变化，基本在同一水平，说明氧气的压力对反应影响较小，0.1MPa 的氧气气氛就可使反应转化率和产率达到较高水平，足够满足该体系催化氧化反应对氧气的需求。

### 3.3.1.4　催化剂用量对 Cu -DM 活性的影响

如图 3-15 所示，在氧气压力为 0.1MPa 的条件下，当反应温度为 80℃，反应时间为 1.5h，催化剂用量为 0.04g 时，反应的转化率和产率均达到 40% 以上，说明 Cu-DM（2∶1）催化剂的

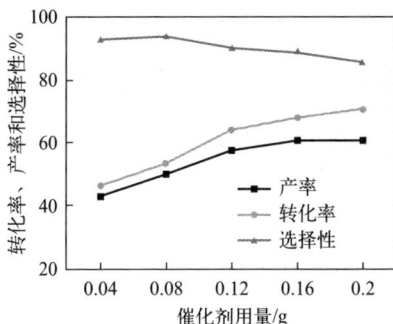

图 3-15　Cu-DM 催化剂用量对苯甲醇氧化反应的影响

活性较高，加入少量即可达到适中的转化率和产率；当催化剂用量达到 0.16g 时，苯甲醇转化率达 67.9%，苯甲醛产率达60.5%，选择性达 89.0%；继续增加催化剂用量到 0.2g，苯甲醇的转化率增加至 70.6%，但苯甲醛的产率没有增加，选择性有所下降，这可能是过量催化剂在有限的反应设备中传质不均匀造成的；本章后续工作中选取 0.16g 作为催化剂的合适用量。

### 3.3.1.5　反应温度对 Cu-DM 活性的影响

在确定了氧气压力为 0.1MPa，催化剂用量为 0.16g 后，继续固定反应时间为 1.5h，对 Cu-DM（2:1）催化苯甲醇氧化的反应温度进行了考察，如图 3-16 所示。由图可知，反应温度从60℃增加到 120℃，苯甲醇的转化率和苯甲醛的产率呈直线上升的趋势，120℃ 时，苯甲醇转化率达 92.7%，苯甲醛产率达90.5%；同时也可以看出，随着温度的升高，产物的选择性提高缓慢，可能是由于反应温度过高，导致生成的苯甲醛进一步氧化为苯甲酸或反应过程中生成了其他副产物，因此没有进一步对更高温度下催化剂的活性进行考察，综合考虑节约能源以及保持目标产物产率两个方面，选取 120℃ 作为该催化剂催化氧化反应的最佳反应温度，以继续进行下一步研究。

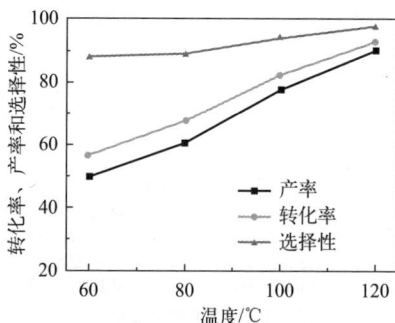

图 3-16　反应温度对苯甲醇氧化反应的影响

## 3.3.1.6 反应时间对 Cu-DM 活性的影响

在确定了合适的氧气压力为 0.1MPa、催化剂用量为 0.16g 以及反应温度为 120℃后，又对催化氧化的反应时间进行了考察，如图 3-17 所示。实验结果表明在以上条件下，反应进行 0.5h 后，苯甲醇的转化率以及苯甲醛的产率可达 57％以上，继续延长反应时间至 1h 时，可达 80％以上；延长反应时间至 1.5h 后，苯甲醇的转化率、苯甲醛的产率以及反应的选择性均达到最大值，分别为 92.7％、90.5％以及 97.6％。继续延长反应时间，转化率、产率变化不大。因此确定反应的合适时间为 1.5h。

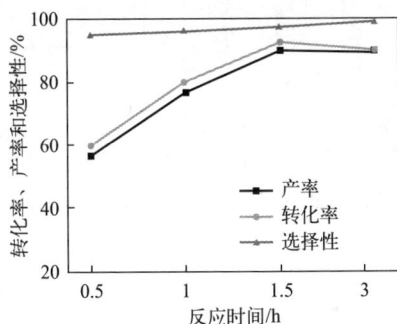

图 3-17　反应时间对苯甲醇氧化反应的影响

## 3.3.1.7 Cu-DM 的循环使用性和异质性

对所制备的 Cu-DM 催化剂进行循环使用性及异质性考察，实验结果如图 3-18 所示。控制条件使苯甲醇转化率和苯甲醛的产率在 50％左右下考察催化剂的循环稳定性，首次反应结束后，离心分离出催化剂固体，并用 DMF 溶剂洗涤三次，转移至新的反应体系中，进行第二次使用。后续反应条件与处理方式均与第一次相同，从图 3-18（a）中可以看出，在后续的几次反应中反应结果基本相同，说明该催化剂循环使用 5 次后催化活性基本保持稳定，催化剂具有良好的循环使用性。

　　催化剂异质性的考察方式与 Zr-DM 类似，当反应进行 30min 后停止，并离心分离除去反应体系中的催化剂，离心上清液按原条件继续进行反应，如图 3-18（b）所示，从图中可以看出，移除催化剂后，继续延长反应时间，苯甲醛的产率基本与 30min 时的一致，这与有催化剂参与的反应结果明显不同，说明当催化剂通过离心分离后，反应随即停止不再进行；因此认为所制备的 Cu-DM 催化剂为非均相催化剂。

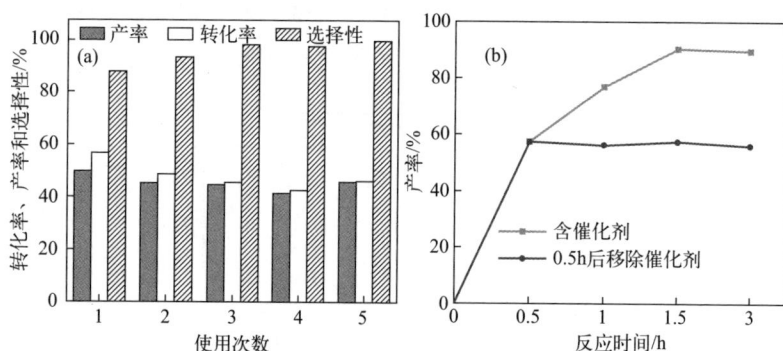

图 3-18　Cu-DM 催化剂的循环使用性和异质性

　　通过 SEM、XRD、FTIR 等测试手段对循环 5 次后的 Cu-DM 催化剂结构进行了表征，并与新制备的 Cu-DM 催化剂结构进行了对比。可以看出，与新制催化剂相比，循环使用后的催化剂仍以颗粒形式存在［图 3-19（a）、（b）］，主体形貌结构变化不大。如图 3-19（c）、（d）所示，从 FTIR 光谱可以看出，循环后催化剂的主要红外特征峰仍然存在，与新鲜催化剂相比没有明显变化。XRD 谱图中碳酸钠的特征峰是由于氧化反应过程中加入的碳酸钠没有被分离出去导致的，同时，FTIR 中出现的新峰（1444cm$^{-1}$，879cm$^{-1}$）也是由碳酸钠残留引起的。催化剂结构分析表明，Cu-DM 循环使用前后结构没有明显变化，催化剂具有良好的结构稳定性。

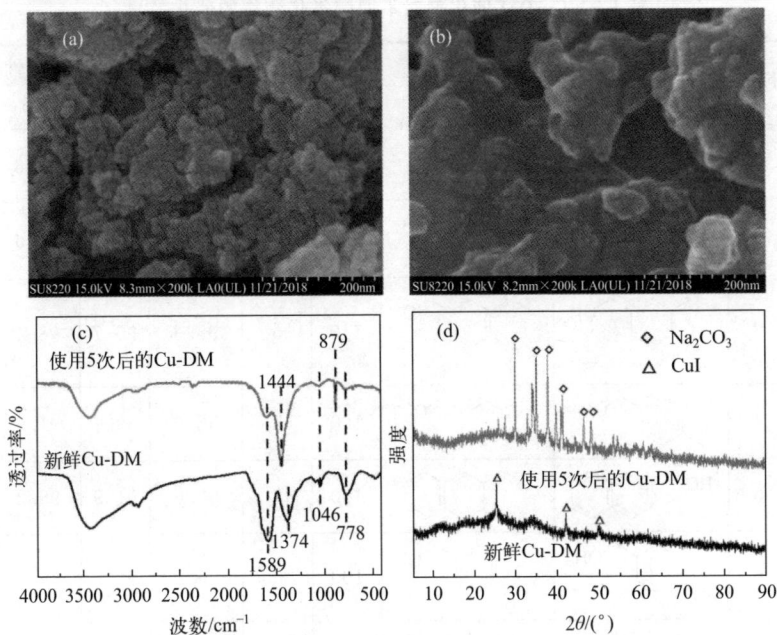

图 3-19　新制 Cu-DM 催化剂与循环后 Cu-DM 催化剂表征结果对比
[新鲜催化剂（a）和循环催化剂（b）的 SEM、FTIR 谱图（c）和 XRD 谱图（d）]

### 3.3.1.8　底物拓展

铜基催化剂对不同醇类的选择性氧化及其结果如表 3-5 所示。结果表明，不同结构醇所需的反应温度和反应时间不同，但在初步优化的反应条件下，均能达到 90% 左右的转化率和产率，表明所制备的 Cu-DM 催化剂对不同结构的醇类化合物均具有良好的氧化催化活性。

### 3.3.1.9　催化机理分析

根据文献报道，铜基催化剂催化醇类物质的氧化反应机理随催化剂体系的组成和反应条件的不同有较大差异，在有氮氧自由基 TEMPO 参与的条件下，反应机理主要包括两种，一种认为

表 3-5 **Cu-DM 催化剂对不同醇类化合物的催化效果**

| 序号 | 反应物 | 产物 | $T$/℃ | $t$/h | 转化率/% | 产率/% | 选择性/% |
|---|---|---|---|---|---|---|---|
| 1 | (苯甲醇) OH | (苯甲醛) O | 120 | 1.5 | 92.7 | 90.5 | 97.6 |
| 2 | (肉桂醇) OH | (肉桂醛) O | 100 | 9 | 98.9 | 94.5 | 95.6 |
| 3 | (二甲氧基苯甲醇) OH | (二甲氧基苯甲醛) O | 110 | 5 | 98.3 | 96.7 | 98.4 |
| 4 | (对甲基苯甲醇) OH | (对甲基苯甲醛) O | 100 | 8 | 96.9 | 89.1 | 91.9 |
| 5 | HO (萘甲醇) | O (萘甲醛) | 100 | 7 | 93.6 | 91.9 | 98.2 |
| 6 | Cl (对氯苯甲醇) OH | Cl (对氯苯甲醛) O | 100 | 6 | 96.8 | 95.9 | 99.1 |
| 7 | (糠醇) O OH | (糠醛) O O | 100 | 10 | 89.4 | 84.6 | 94.6 |

注：反应条件为，醇类化合物 1mmol，催化剂 160mg，TEMPO 0.5mmol，$Na_2CO_3$ 1mmol，DMF 5mL，$O_2$ 初始压力 0.1MPa。

TEMPO$^+$ 是真正的氧化剂，TEMPO 首先被氧化生成 TEMPO$^+$，然后再由 TEMPO$^+$ 对醇进行氧化，体系呈酸性；另一种是在铜离子的协助下，TEMPO 自由基直接对醇进行氧化，该体系需要碱存在。根据 Cu-DM 催化剂的实验结果，本书的体系需要碱的存在才能具有好的催化效果，因此 Cu-DM 催化醇类物质氧化的机理更符合第二种。具体机理为，底物苯甲醇首先与 Cu-DM 催化剂中的铜活性中心形成中间体，TEMPO 再与该中间体中的铜活性中心结合，在此过程中苯甲醇被 Cu-DM 和 TEMPO 氧化成苯甲醛；同时，Cu-DM 催化剂中的二价铜和 TEMPO 分别被还原为一价铜和 TEMPOH，随后一价铜和 TEMPOH 被氧气成二价铜和 TEMPO，继续参与反应，直至底物被完全消耗，转化成苯甲醛。

## 3.3.2 褐煤解聚物构建铁基光催化催化剂

### 3.3.2.1 Fe-DM 的表征

采用一系列表征手段，对 Fe-DM（1∶1）催化剂的形貌和结构特征进行了研究。SEM 图像显示 Fe-DM 同 DM 制备的其他两种催化剂 Zr-DM、Cu-DM 形貌类似，为不规则颗粒，EDS 图中出现 Fe 信号峰［图 3-20（a）、（b）］，表明 Fe 引入到催化剂中；粉末 XRD 图谱显示 Fe-DM 催化剂呈宽大的衍射带，为无定形结构［图 3-20（c）］；FTIR 光谱分析结果如图 3-20（d）所示，Fe-DM 样品中羧酸盐的特征振动吸收峰分别出现在 $1645cm^{-1}$、$1543cm^{-1}$ 和 $1384cm^{-1}$ 处，与文献报道的数据一致。其中，$1645cm^{-1}$ 处的吸收峰对应于羧酸盐中 C＝O 的对称伸缩振动，而 $1543cm^{-1}$ 和 $1384cm^{-1}$ 处的吸收峰分别对应于羧酸盐中 C—O 的不对称伸缩振动和对称伸缩振动。此外，$N_2$ 吸附-脱附实验［图 3-20（e）、（f）］表明，Fe-DM 催化剂为紧密堆积结构，其比表面积为 $93.1m^2/g$。

### 3.3.2.2 Fe-DM 催化剂的活性

以 RhB 的降解为模型反应，考察 Fe-DM 催化剂的光催化性能。通过对照实验，比较了不同体系对 RhB 的降解效率。各体系分别为：a 仅有可见光，b 可见光/$H_2O_2$ 体系，c Fe-DM/可见光体系和 d Fe-DM/可见光/$H_2O_2$ 体系，图 3-21 呈现了各对照体系的颜色对比。图 3-22 为不同体系中 RhB 浓度随反应时间的变化趋势。当没有催化剂和 $H_2O_2$ 的加入，只有可见光存在时，

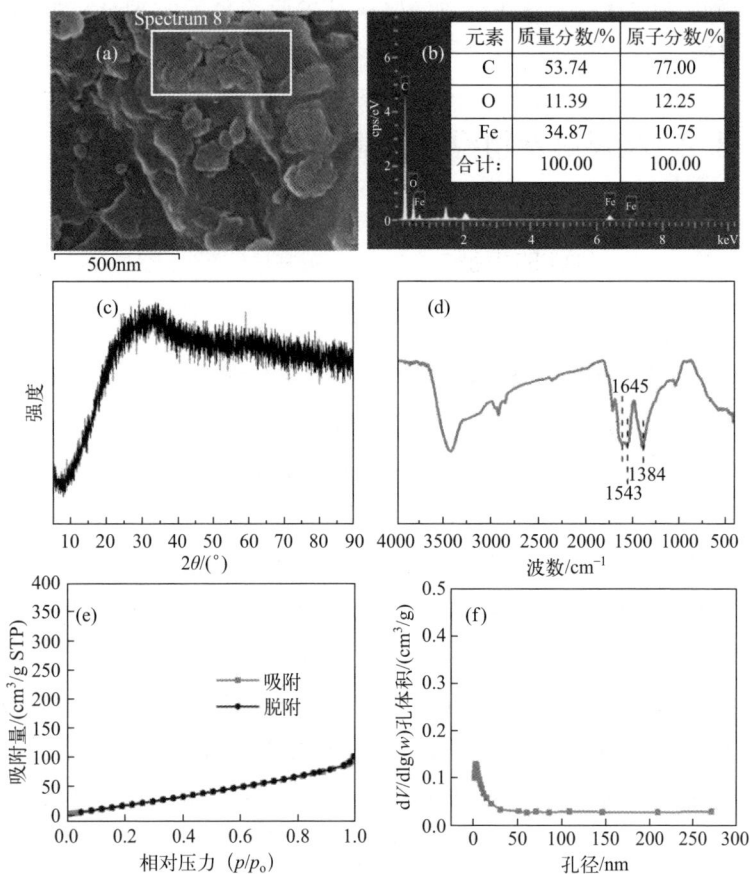

图 3-20　Fe-DM 的表征

（a）SEM 图；（b）EDS 图；（c）XRD 图；（d）FTIR 光谱；
（e）$N_2$ 吸脱附曲线；（f）孔尺寸分布图

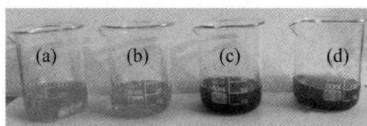

图 3-21　对照实验的光学照片（见彩插）

（a）仅有可见光；（b）可见光/$H_2O_2$ 体系；（c）Fe-DM/可见光体系；
（d）Fe-DM/可见光/$H_2O_2$ 体系

RhB 几乎不被降解；RhB 的颜色也没有变化 [见图 3-21 （a）]；向该体系中加入 $H_2O_2$，形成可见光/$H_2O_2$ 体系时 [见图 3-21 （b）]，125min 时 RhB 的降解率可提高到 25.5%，$H_2O_2$ 被可见光诱导分解出羟基自由基（$H_2O_2$ ＋可见光 $\longrightarrow$ ·OH＋OH—），从而促进了 RhB 的降解；Fe-DM 在黑暗条件下对 RhB 存在弱吸附作用，50min 后大约吸附了 14.5%，并达到吸附平衡；加入光照条件后，RhB 的降解率达到 33.4%，说明合成的 Fe-DM 催化剂具有一定的光反应活性，体系中 RhB 的粉色没有完全消失 [图 3-21 （c）]；向其中加入 $H_2O_2$ 后，形成 Fe-DM/可见光/$H_2O_2$ 体系，光催化活性显著提高，125min 内可实现对 RhB 100% 的降解，而 RhB 的颜色也随降解时间的延长逐渐从粉色转为无色 [图 3-21 （d） 及图 3-22 内插图]。

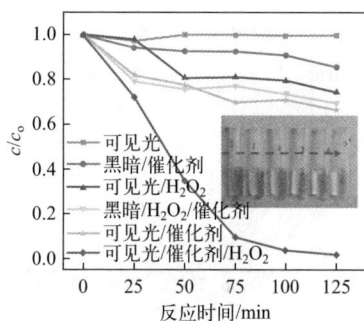

图 3-22　RhB 在不同条件下的降解（见彩插）

考虑到催化剂为铁基羧酸盐，有类似芬顿的催化过程，在加入 $H_2O_2$ 后也会引起 RhB 的降解，所以设计了在黑暗中加入 $H_2O_2$ 和 Fe-DM 的参照实验，125min 内约 30.3% 的 RhB 被分解，说明 Fe-DM 确实对 $H_2O_2$ 有较强的活化能力，从而驱动了 RhB 的芬顿催化降解；但与 Fe-DM/可见光/$H_2O_2$ 催化体系相比，此类芬顿催化体系的效率要低得多。因此，在 Fe-DM 催化剂、$H_2O_2$ 和可见光共同作用下，RhB 能够被高效降解。

### 3.3.2.3　Fe-DM 催化剂的稳定性

考察了 Fe-DM 催化剂的循环使用性，如图 3-23 所示，结果表明，Fe-DM 催化剂在连续 4 次降解 RhB 的过程中，催化氧化性能基本保持不变，125min 内可实现 RhB 的完全降解，说明 Fe-DM 催化剂非常稳定。通过对循环前后 Fe-DM 催化剂的表征发现，循环 4 次后催化剂的形貌未发生显著变化，仍为不规则颗粒状，如图 3-24（a）和（b）所示。此外，红外光谱和粉末 XRD 图谱也显示，循环后的催化剂的特征官能团结构和晶体结构也与新鲜催化剂基本保持一致，如图 3-24（c）和（d）所示。这些结果表明，在实验条件下，所制备的 Fe-DM 催化剂具有良好的循环使用性和结构稳定性。

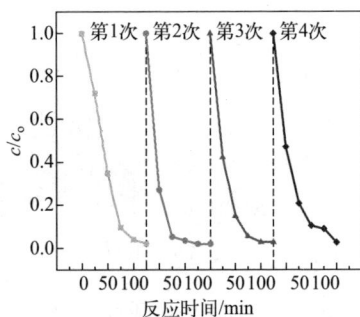

图 3-23　Fe-DM/可见光/$H_2O_2$ 体系下 RhB 降解的循环使用性考察结果

### 3.3.2.4　催化机理分析

根据文献报道，金属有机骨架材料（metal-organic frameworks，MOFs）作为光催化剂催化降解有机污染物的机理一般是在反应过程中产生了活性物种羟基自由基（·OH），·OH 进一步对污染物进行氧化并完成光催化过程。本书所构建的 Fe-DM 催化剂是基于铁盐与有机羧酸的配位结合，属于一种类 MOFs 结

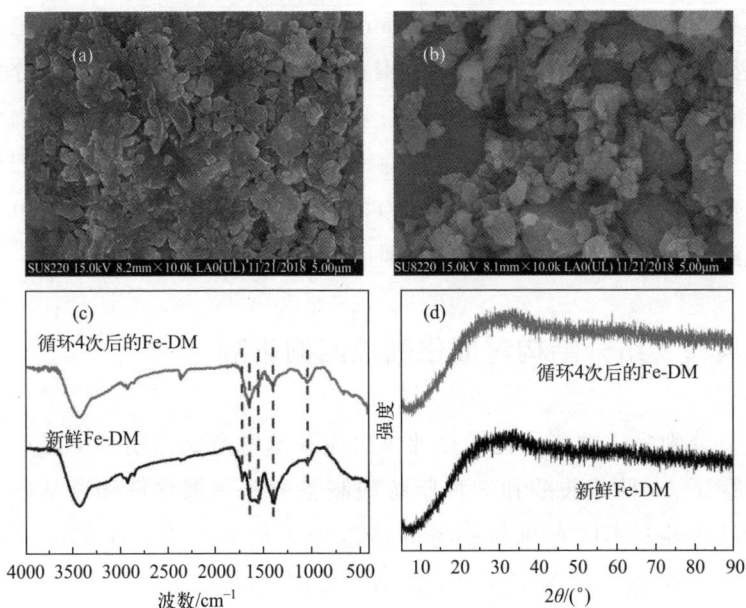

图 3-24　新制催化剂与循环后催化剂表征结果

[新鲜催化剂（a）和循环后催化剂（b）的 SEM 图、FTIR 谱图（c）和 XRD 谱图（d）]

构的催化剂，因此其机理与上述文献中的类似，光生电子和 ·OH 是光催化过程的主要贡献者。具体机理为，在可见光照射下，光生电子在 Fe-DM 中被激发产生并随后转移至光催化剂的表面，以参与氧化还原反应。同时，$H_2O_2$ 的存在对 Fe-DM 的光催化性能具有协同效应，因为 $H_2O_2$ 作为一种有效的捕获剂，可以捕获 Fe-DM 激发产生的光生电子，被光生电子还原，以形成更多的 ·OH，从而进一步提高 Fe-DM 的光催化活性。

## 3.4　解聚物组分结构对催化剂性能的影响及解聚物利用率分析

解聚产物中主要包括小分子脂肪酸和各类苯羧酸，这些羧酸本身具有不同的结构和理化性质，而且在解聚产物中的浓度也有差异。实验选取了褐煤氧化解聚产物中 13 种典型有机酸，分别以每种单一有机酸为配体制备锆基和铜基催化剂，考察解聚物中不同组分对所构建催化剂活性的影响和贡献。同时通过制备催化剂后解聚物溶液颜色的变化和 HPLC 检测，分析了解聚物中有机组分在制备催化剂过程中的利用率。

## 3.4.1　组分结构对催化剂性能的影响

分别采用糠醛催化转移加氢反应和苯甲醇氧化制苯甲醛反应考察了 10 种苯羧酸和 3 种脂肪酸制备的锆基催化剂和铜基催化剂的活性。不同有机酸制备的锆基催化剂的反应结果如图 3-25 和图 3-26 所示，铜基催化剂的活性如图 3-27 所示。

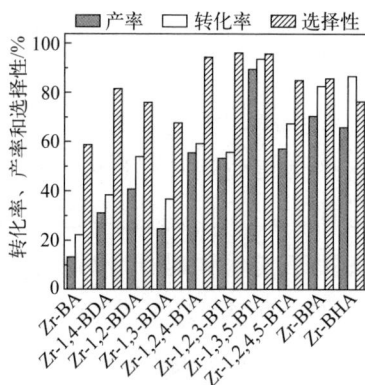

图 3-25　苯羧酸锆基催化剂活性

［Zr-BA（Zr-苯甲酸），Zr-1,4-BDA（Zr-对苯二甲酸），Zr-1,2-BDA（Zr-邻苯二甲酸），Zr-1,3-BDA（Zr-间苯二甲酸），Zr-1,2,4-BTA（Zr-偏苯三甲酸），Zr-1,2,3-BTA（Zr-连苯三甲酸），Zr-1,3,5-BTA（Zr-均苯三甲酸），Zr-1,2,4,5-BTA（Zr-均苯四甲酸），Zr-BPA（Zr-苯五酸）和 Zr-BHA（Zr-苯六酸）］

从图 3-25 和图 3-26 可以看出，不同苯羧酸和脂肪酸所制备的锆基催化剂活性各不相同，苯羧酸所制催化剂活性普遍比脂肪

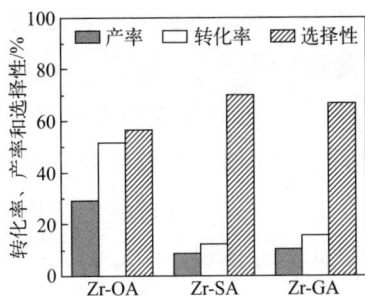

图 3-26 脂肪酸锆基催化剂活性

[Zr-OA（Zr-乙二酸），Zr-SA（Zr-丁二酸）和 Zr-GA（Zr-戊二酸）]

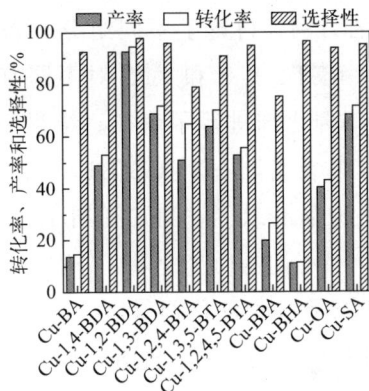

图 3-27 各羧酸铜基催化剂活性

[Cu-BA（Cu-苯甲酸），Cu-1,4-BDA（Cu-对苯二甲酸），Cu-1,2-BDA（Cu-邻苯二甲酸），
Cu-1,3-BDA（Cu-间苯二甲酸），Cu-1,2,4-BTA（Cu-偏苯三甲酸），Cu-1,3,5-BTA
（Cu-均苯三甲酸），Cu-1,2,4,5-BTA（Cu-均苯四甲酸），Cu-BPA（Cu-苯五酸）、Cu-BHA
（Cu-苯六酸），Cu-OA（Cu-草酸）和 Cu-SA（Cu-丁二酸）]

酸所制催化剂的活性高，含羧基个数多的苯羧酸催化剂活性比羧
基个数少的苯甲酸（Zr-BA）和苯二酸（Zr-1,4-BDA）活性高，
三种苯三酸异构体中，均苯三甲酸所制催化剂（Zr-1,3,5-BTA）
的活性比其他两种异构体所制催化剂的活性高。三种脂肪酸羧基
个数相同，碳链较短的乙二酸所制催化剂（Zr-OA）的活性高于
其他两种脂肪酸制备的催化剂。这说明解聚产物中不同羧酸组分

与锆结合形成的催化剂活性是不同的，即不同有机酸组分对 Zr-DM 催化剂活性的贡献不同。

从图 3-27 可以看出，不同苯羧酸和脂肪酸所制备的铜基催化剂活性也各不相同，其中附加值较高的苯五酸和苯六酸所制催化剂的活性不及其他羧酸，说明其对解聚产物催化剂的活性贡献小，其高附加值特性未充分体现。

## 3.4.2　不同组分催化剂催化活性不同的原因

以 Zr 基催化剂为例，讨论了不同组分制备的催化剂催化活性不同的原因。用 BET、ICP 和 XPS 对不同有机酸制备的几种具有代表性的 Zr 基催化剂进行了表征。结果如表 3-6 和图 3-28 所示。从图表中可以看出，Zr-1,3,5-BTA、Zr-BPA 和 Zr-BHA 的锆质量含量（分别为 48.1%、34.5% 和 49.6%）高于 Zr-1,3-BDA 和 Zr-1,2,4,5-BTA 的锆质量含量（分别为 27.9% 和 21.6%）。因此，高锆含量可能是这些催化剂（Zr-1,3,5-BTA、Zr-BPA 和 Zr-BHA）具有高活性的原因之一。此外，BET 结果表明，Zr-BPA 和 Zr-BHA 催化剂的比表面积远高于其他催化剂。高比表面积有利于底物与催化剂活性位点的接触，从而提高催化活性。

表 3-6　不同有机酸制备的 Zr 基催化剂的比表面积和 Zr 含量比较

| 序号 | 催化剂 | Zr 质量分数/% | BET/$(m^2/g)$ |
|---|---|---|---|
| 1 | Zr-DM | 29.8 | 219.7 |
| 2 | Zr-1,3-BDA | 27.9 | 17.8 |
| 3 | Zr-1,3,5-BTA | 48.1 | 25.2 |
| 4 | Zr-1,2,4,5-BTA | 21.6 | 28.5 |
| 5 | Zr-BPA | 34.5 | 180.1 |
| 6 | Zr-BHA | 49.6 | 234.9 |

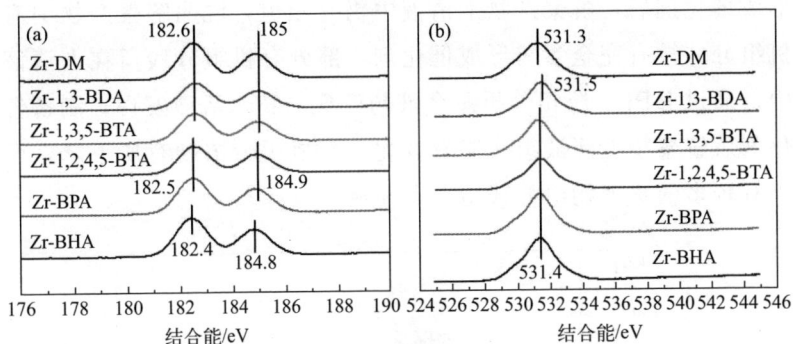

图 3-28　不同有机酸制备的 Zr-DM 催化剂的
XPS 光谱 （a） Zr 3d 和 （b） O1s 峰

图 3-28 （a） 为以芳香羧酸为配体的锆催化剂中 Zr 的 3d 能谱。从图中可以看出，Zr-1,3,5-BTA 的 Zr 3d 结合能与 Zr-DM 相似，均为 182.6eV 和 185eV，高于其他催化剂。Zr 3d 的结合能越高，锆原子的正电性越高，导致催化剂中锆的路易斯酸性越强，有利于羰基的活化，提高反应速率。这可能是 Zr-1,3,5-BTA 催化剂活性高于其他催化剂的原因之一。图 3-28 （b） 为以苯羧酸为配体的各催化剂的 O1s XPS 图。从图中可以看出，除 Zr-1,3,5-BTA 催化剂的 O1s 结合能外，其他所有苯羧酸制备的 Zr 基催化剂的 O1s 结合能均为 531.4eV，均低于 Zr-1,3-BDA 催化剂。催化剂中 O1s 的低结合能可以使 O 原子具有较高的电负性，从而提高 O 的碱性，使异丙醇的羟基更容易分解，从而提高催化效率。这可能是 Zr-1,3-BDA 的催化活性低于其他羧酸锆催化剂的原因。总的来说，锆含量高、比表面积大、锆的酸度高、氧的碱度高更有利于催化剂活性的提高，对 Zr-DM 的活性贡献更大。

## 3.4.3　解聚物组分利用率分析

从图 3-29 中可以看出，在制备 Fe-DM 催化剂时，加入 $Fe^{3+}$

形成催化剂后，解聚产物上清液中仍有颜色，说明解聚产物中有机组分并没有完全参与形成催化剂，部分有机组分残留在上清液中。通过 HPLC 液相分析剩余液与解聚产物水溶液发现，制备催化剂后解聚物上清液组成略有变化，有机组分浓度有所下降，但仍有较多的解聚物组分残留在上清液中。

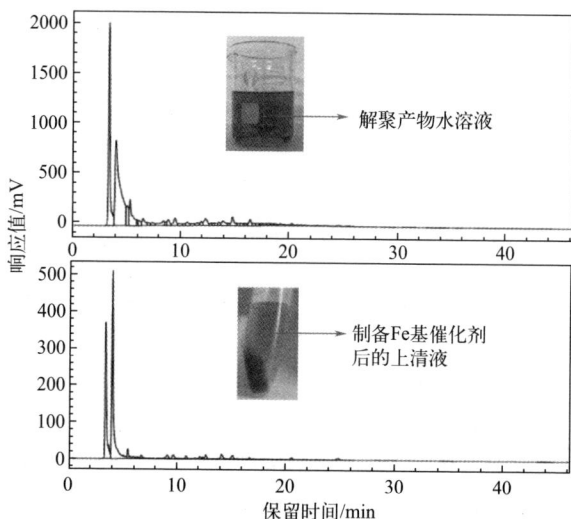

图 3-29　解聚产物制备催化剂前后光学照片和 HPLC 检测对比分析（见彩插）

综上，利用解聚产物制备催化剂是解聚产物直接以混合物形式利用的有效方式，所构建的 Zr-DM、Cu-DM 和 Fe-DM 催化剂对加氢、氧化和光催化反应表现出优异的催化活性和稳定性。通过制备催化剂后解聚物上清液颜色和 HPLC 分析可以发现，解聚产物没有完全参与构建催化剂，部分组分残留在上清液中，这部分有机组分在制备催化剂时没有得到充分利用；另外，不同羧酸组分对催化剂的活性贡献不同，一些高附加值有机酸（如苯四酸、苯五酸和苯六酸等）对催化剂活性贡献相对较小，这部分解聚产物组分的高附加值特性没有充分发挥。

# 3.5 溶剂对催化剂性能的影响

褐煤氧化解聚常以水为溶剂，得到的解聚产物也存在于水中。因此，利用解聚产物构建催化剂的理想溶剂就是水。从制备催化剂的角度来看，有机溶剂如 DMF 等也被广泛采用。因此，在后续研究中，我们分别在水和有机溶剂（DMF）中制备了 Zr-DM 催化剂，并比较了它们的活性，结果如表 3-7 所示。从表中可以看出，在水中制备的 Zr-DM 催化剂比在 DMF 中制备的 Zr-DM 催化剂具有更高的活性、更高的转化率、产率和 TON 数。这一结果进一步证明了溶剂确实会影响催化剂活性。水被认为是制备 Zr-DM 催化剂的理想溶剂，因为这样不仅在解聚过程中和解聚产物制备催化剂的过程中不需要更换溶剂，而且在水中制备的 Zr-DM 催化剂具有更高的活性。

表 3-7　在水中和 DMF 中制备的 Zr-DM 催化剂的性能比较[①]

| 序号 | 催化剂 | Zr 含量（质量分数）/% | BET/$(m^2/g)$[②] | 转化率/% | 产率/% | 选择性/% | TON[③] |
|---|---|---|---|---|---|---|---|
| 1 | Zr-DM（$H_2O$） | 29.8 | 219.7 | 91.6 | 86.7 | 94.7 | 1.32 |
| 2 | Zr-DM（DMF） | 23.1 | 6.1 | 55.1 | 46.3 | 83.9 | 0.98 |

① 反应条件：糠醛 1mmol，异丙醇 5mL，催化剂量 200mg，反应温度 70℃，反应时间 5h。

② 基于多点 BET 法的比表面积。

③ TON（周转数）的值是催化剂中产物与 Zr 元素的摩尔比。

通过对在水中和 DMF 中制备的 Zr-DM 催化剂进行表征，采用 ICP、$N_2$ 吸脱附和 XPS 等表征手段，分析溶剂对催化剂活性产生影响的原因（表 3-7 和图 3-30、图 3-31）。ICP 分析表明，在

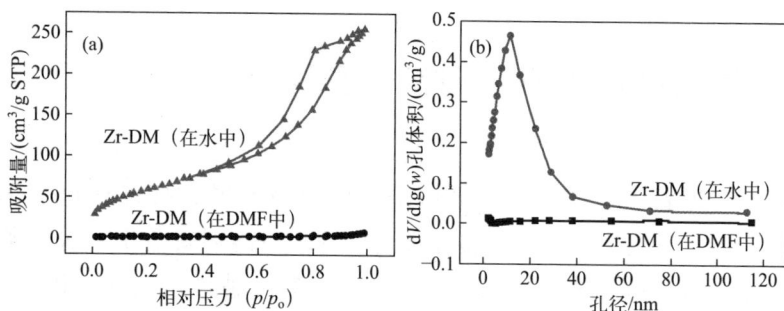

图 3-30 合成的 Zr-DM 催化剂在水中和在 DMF 中的 N₂ 吸附-脱附等
温线（a）和孔径分布（b）对比

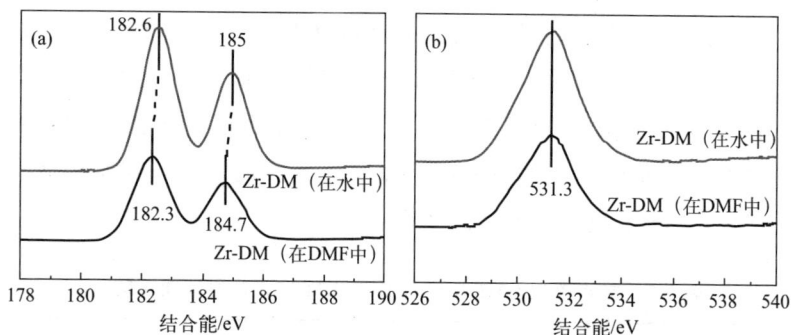

图 3-31 分别在水中和 DMF 中合成的 Zr-DM 催化剂的 Zr 3d（a）和
O1s（b）峰的 XPS 光谱

DMF 中制备的催化剂锆含量略低于在水中制备的催化剂锆含量。
BET 结果表明，在水中制备的催化剂比表面积远高于在 DMF 中
制备的催化剂。两种催化剂的 N₂ 吸脱附等温线显示，在水中制
备的催化剂为 IV 型等温线，具有介孔材料的滞后环特征，其中心
在 11.2nm 左右，而在 DMF 中制备的催化剂为无孔催化剂（图
3-30）。介孔和高比表面积有利于底物与催化剂中的活性位点接
触，从而提高催化剂的反应活性。从 Zr 3d XPS 可以看出，与在
DMF 中制备的 Zr-DM 相比，在水中制备的 Zr-DM 的 Zr 3d 结合

能更高（图 3-31）。Zr 3d 的结合能越高，表明 Zr 原子上的正电荷越多，导致 Zr 的 Lewis 酸性越强。较高的 Zr 酸性可以提高 Zr-DM 催化剂的活性。这一结果与特定的物理结构一起促成了在水中制备的 Zr-DM 催化剂具有较高的活性。基于这些结果，可以推测催化剂制备过程中的溶剂会影响 $Zr^{4+}$ 与 DM 中羧基的配位作用，使两种催化剂的微观结构不同，从而导致催化性能不同。

## 3.6  小结

① 本章提出了以褐煤钌离子催化氧化解聚产物为配体、不经复杂分离直接用于构建金属-有机复合催化剂这一路线，利用解聚产物中酸性官能团与金属离子间的配位作用，分别构建了解聚产物-锆基加氢催化剂（Zr-DM）、解聚产物-铜基氧化催化剂（Cu-DM）和解聚产物-铁基光催化催化剂（Fe-DM），并对催化剂的制备条件、催化剂的结构和性能进行了系统研究。研究结果表明，所提出的技术路线是可行的，且适合于不同类型催化剂的制备，所构建的催化剂具有良好的活性和稳定性。用褐煤氧化解聚产物构建的催化剂性能优于用褐煤原煤构建的催化剂。所提技术路线对探索褐煤解聚产物高值化利用途径具有参考价值。

② 研究发现，解聚产物中小分子物质单独与金属离子作用形成催化剂时，催化剂的活性差异较大，这意味着不同解聚产物组分对解聚产物混合物催化剂的贡献并不相同，一些高附加值的多元芳香酸所形成的催化剂活性并不是很高，这部分解聚产物的高附加值特性在催化剂中并没有得到充分体现；另外，解聚产物直接以混合物用于制备催化剂时，并不是所有组分均

参与形成催化剂，在所形成的固体催化剂的离心上清液中仍含有解聚物组分，而这部分组分并没有得到有效利用。因此，若想进一步促进解聚产物的高附加值利用、提高解聚产物的利用效率，需要对解聚产物进行有效分离，对不同组分进行针对性利用。

# 第 4 章

# 褐煤氧化解聚产物
# 金属离子配位分离
# 有机酸

第三章的研究发现，不同解聚产物组分对催化剂的贡献并不相同，一些附加值很高的多元芳香酸的高附加值特性在催化剂中并没有得到充分体现；另外，部分解聚产物没有参与催化剂的形成，即这部分解聚产物在催化剂中没有得到充分利用。因此，若要进一步实现褐煤解聚产物不同组分的高附加值和针对性利用，提高解聚产物整体利用效率，需要对解聚产物进行分离。但由于解聚产物成分复杂，较难实现解聚产物的精细分离，需根据不同种类产物的性质不同进行逐级、分类分离。过滤、萃取等现有分离手段逐渐暴露出选择性差、效率低等瓶颈问题，因此，探索新型高效、经济合理及环境友好的分离路线和方法是解聚产物分离利用过程中的关键问题。

在第三章利用解聚产物构建催化剂研究过程中发现，解聚产物中部分有机酸组分能够与金属离子选择性结合，且不同金属离子所结合的有机酸种类不同。基于这一发现，本章提出了"褐煤氧化解聚产物金属离子配位分离高值有机酸"这一分离路线，如图 4-1 所示。

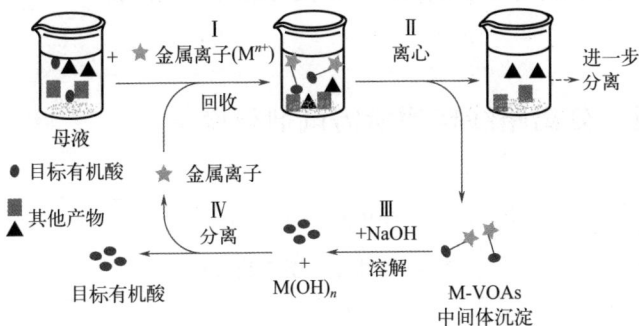

图 4-1　金属离子诱导从褐煤解聚产物中分离高值有机羧酸的基本思路

所提出的分离路线的基本过程包括：①向解聚产物中引入金属离子（$M^{n+}$），$M^{n+}$ 与解聚产物中高值有机酸（valuable organic acids，VOAs）形成配位中间体（M-VOAs），该中间体通常是固体沉淀；②通过离心或过滤将中间体 M-VOAs 分离出来；③利用 NaOH 溶液将中间体 M-VOAs 溶解，从而"释放"有机酸钠盐，金属离子 $M^{n+}$ 转化为 $M(OH)_n$ 沉淀；④有机酸钠盐通过酸化得到有机酸，$M(OH)_n$ 沉淀通过与酸反应可实现金属离子的回收利用。实验结果证明，上述分离方法对模拟的有机酸混合物体系和真实的褐煤氧化解聚产物体系都是可行的。通过改变金属离子的种类和用量、pH 值和温度等分离参数，可以方便地调整提取率和分离选择性。分离后金属离子可以回收重复使用。因此，整个分离过程中金属离子能够将有机酸分子从解聚产物混合物中选择性地"转运"出来，可以将金属离子视为有机酸分离的"转运分子"。这种分离路线主要有以下优点：①在室温或接近室温（一般为 50℃）下分离，能耗低；②整个分离过程在水中进行，避免了有毒有机溶剂的大量使用；③分离过程通过调控分离参数实现对分离效果的调控；④金属离子可回收重复使用。

# 4.1 金属离子配位分离有机酸的方法

## 4.1.1 分离路线构建所需试剂与设备

本章所用主要化学试剂如表 4-1 所示。

表 4-1  本章主要实验试剂

| 名称 | 规格 | 生产厂家 |
| --- | --- | --- |
| 六水合三氯化铁（$FeCl_3 \cdot 6H_2O$） | 分析纯 | 天津达茂化学试剂有限公司 |
| 一水醋酸铜［$Cu(Ac)_2 \cdot H_2O$］ | 分析纯 | ACROS ORGANICS 精细化学品供应商 |
| 氯化钙（$CaCl_2$） | 分析纯 | 辽宁沈阳医药股份公司 |

| 名称 | 规格 | 生产厂家 |
|---|---|---|
| 无水氯化锰（$MnCl_2$） | 99% | 北京伊诺凯科技有限公司 |
| 六水氯化钴（$CoCl_2 \cdot 6H_2O$） | 97% | 北京伊诺凯科技有限公司 |
| 无水氯化铝（$AlCl_3$） | 99% | 阿拉丁试剂有限公司 |
| 五水硝酸镱 [$Yb(NO_3)_3 \cdot 5H_2O$] | 99.9% | 阿拉丁试剂有限公司 |
| 硝酸镧 [$La(NO_3)_3 \cdot xH_2O$] | 99.9% | 北京伊诺凯科技有限公司 |
| 六水硝酸铈 [$Ce(NO_3)_3 \cdot 6H_2O$] | 99.5% | ACROS ORGANICS 精细化学品供应商 |
| 六水硝酸镨 [$Pr(NO_3)_3 \cdot 6H_2O$] | 99% | 北京伊诺凯科技有限公司 |
| 六水硝酸钕 [$Nd(NO_3)_3 \cdot 6H_2O$] | 99.9% | 阿拉丁试剂有限公司 |
| 四氯化锆（$ZrCl_4$） | 98% | 北京伊诺凯科技有限公司 |
| 三氯化钒（$VCl_3$） | 97% | 阿拉丁试剂有限公司 |
| 氯化锌（$ZnCl_2$） | 99.95% | 阿法埃莎（中国）化学有限公司 |
| 三氯化铬（$CrCl_3$） | 98% | 阿法埃莎（中国）化学有限公司 |
| 六水硝酸镁 [$Mg(NO_3)_2 \cdot 6H_2O$] | 99% | 北京伊诺凯科技有限公司 |
| 氯化亚锡（$SnCl_2$） | 98% | 阿拉丁试剂有限公司 |

　　本章用到的主要仪器有高效液相色谱仪（岛津 LC-20AT）、液质联用分析仪（Agilent 1290/6460）和 pH 计（北京赛多利斯科学仪器有限公司）。本章所用其他实验仪器详见第二章表 2-2。

## 4.1.2　解聚物模拟母液制备及分析方法建立

（1）解聚物模拟母液制备

由于实际褐煤解聚混合物体系的复杂性，实验先从组分已知的模拟体系的分离开始，以验证所提出分离路线的可行性。根据目前报道的褐煤解聚混合物典型组成，选择了 10 种高附加值有机羧酸（VOAs）形成混合物，以此来模拟真实的褐煤解聚混合物溶液。各羧酸的结构和名称见图 4-2。

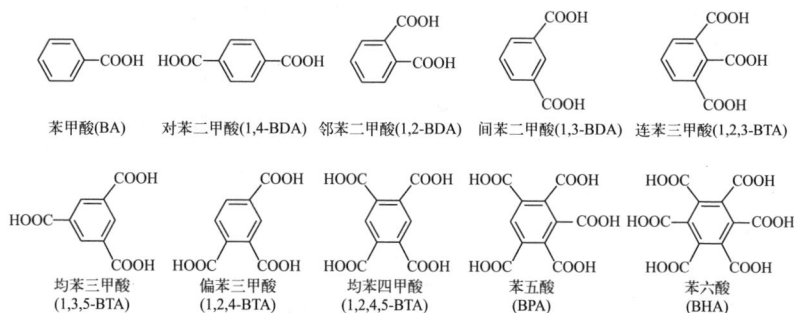

图 4-2　典型苯羧酸的结构和名称

配制了含有图 4-2 所示的 10 种羧酸物质的量浓度均为 0.001mol/L 的母液，方法如下：按照计算量分别称取相应克数的 10 种羧酸置于烧杯中，为促进难溶羧酸（除苯六酸和苯五酸外）的溶解，加入 0.035mol/L 的稀 NaOH 溶液并置于 60℃水浴中搅拌直至完全溶解。加去离子水定容至 200mL，作为分离用的模拟母液。在优化后的色谱条件下，模拟母液的 HPLC 图谱如图 4-3 所示。

（2）有机酸的 HPLC 及 HPLC-MS 分析方法建立

采用高效液相色谱（HPLC）对母液和分离后的样品进行定量分析，详细检测条件如 3.1.5 所述。配制不同浓度苯羧酸标准品溶液进行检测，得到浓度和峰面积拟合的标准曲线，采用外标法对混合物中各羧酸组分进行定量；真实褐煤解聚产物混合液的分析同样采用上述分析方法定量。

羧酸提取率（%）＝（分离液中有机酸的质量/母液中有机酸的质量）×100%

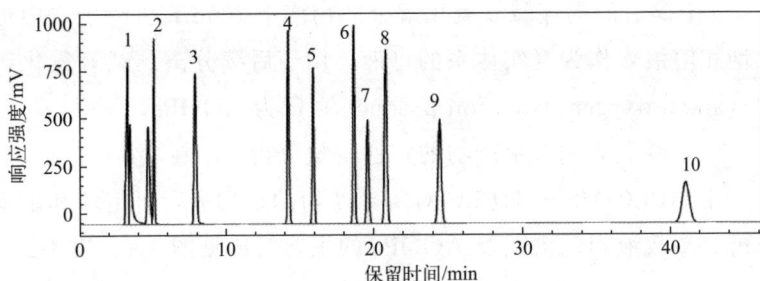

图 4-3 模拟体系（母液）的 HPLC 图

（峰 1，苯六酸；峰 2，苯五酸；峰 3，1,2,4,5-苯四酸；峰 4，1,2,4-苯三甲酸；
峰 5，1,2,3-苯三甲酸；峰 6，1,3,5-苯三甲酸；峰 7，邻苯二甲酸；
峰 8，对苯二甲酸；峰 9，间苯二甲酸；峰 10，苯甲酸）

采用三重四极杆液质联用仪（HPLC-MS）对真实体系进行定性分析，液质分析条件如下：液相色谱柱采用 Agilent Zorbax SB-C$_{18}$，$2.1×50mm$，$1.8\mu m$，柱温 30℃，流动相采用乙腈和 0.1％甲酸水溶液，流速 0.2mL/min；采用二元梯度洗脱，程序如下：初始乙腈和甲酸水溶液的比例为 5/95，2min 内二者的体积比匀速增至 20/80，之后 3min 时增至 30/70，5min 增加至 90/10，保持 2min，在第 7min 降至 5/95，保持 3min。质谱采用负离子扫描模式，碎裂电压为 130V。

## 4.1.3  解聚物真实母液制备

（1）真实解聚产物母液的制备

将褐煤煤样用球磨机研磨为 $38～75\mu m$ 大小的粉末，采用碱氧氧化将煤样解聚。将 3g 煤样、9gNaOH 加入 60mL 水中，分散均匀后置于 150mL 反应釜中，充入 5.0MPa 氧气后置于 240℃下磁力搅拌 1h。反应结束后，室温冷却反应釜，转移出反应液后过滤，滤液加稀盐酸调节 pH 值至中性，旋蒸除去水分，固体于 80℃下真空干燥 12h，所得干燥固体研磨成粉末后备用。

0.25g 干燥后的褐煤碱氧氧化解聚产物溶于 100mL 去离子水中形成均相溶液，作为真实体系的母液，用于后续分离。碱氧氧化产物（alkali-oxygen oxidation products）记为 AOOPs。

（2）碱氧氧化解聚产物的定性定量分析

用 HPLC-MS 和 HPLC 对解聚产物的结构进行了定性和定量分析。高效液相色谱图及 AOOPs 的主要组成见图 4-4、表 4-2。

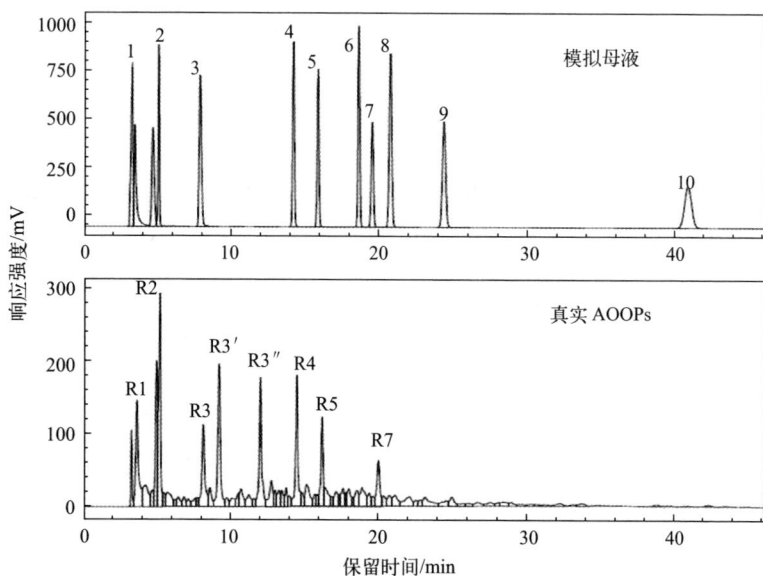

图 4-4　模拟母液与真实 AOOPs 体系的 HPLC 谱图的比较

由图 4-4 可知，真实 AOOPs 体系 HPLC 谱图与模拟母液的谱图相比要复杂得多，除图上所示的 8 种响应值较高的组分外，还有很多响应值较低的组分，一方面可能是碱氧氧化后的解聚产物中含有很多紫外吸收较弱的组分，而本书 HPLC 采用的紫外检测器仅适用于有较强的紫外或可见光吸收能力的物质检测，对紫外吸收差的化合物如不含不饱和键的烃类等灵敏度很低。另一方面可能是解聚产物复杂多样，很多有紫外吸收的组分含量较低，也可能在紫外检测器上灵敏度较低。

图 4-4 中的 R2、R3、R4、R5 和 R7 可分别与模拟母液中的苯五酸、苯四酸、1,2,4-苯三甲酸、1,2,3-苯三甲酸和邻苯二甲酸的保留时间相对应，由于苯六酸和草酸的出峰位置接近，根据文献，碱氧氧化解聚产物中草酸占很大的比例，苯六酸含量相对较低，故推测 R1 为草酸。R3′和 R3″经液质分析确定为苯四酸的两种同分异构体，即偏苯四甲酸和间苯四甲酸。

模拟母液中 6、8、9 和 10 号峰所代表的物质分别为均苯三甲酸、对苯二甲酸、间苯二甲酸和苯甲酸，均未在解聚产物的液相谱图中有明显的响应，可能是解聚产生的这些羧酸含量较低的缘故。根据外标法计算上述已确定的 8 种羧酸组分的含量（表 4-2），后续以这 8 种羧酸为考察对象，考察不同金属离子在分离实际体系的过程中，这几种羧酸的含量变化，以此为判断金属离子分离性能的指标。

表 4-2　真实 AOOPs 中已知的主要有机酸及其含量

| 峰序号 | 缩写 | 结构 | 含量（质量分数）/% |
|---|---|---|---|
| R1 | OA | HOOC—COOH | 10.8 |
| R2 | BPA | | 1.3 |
| R3 | 1,2,4,5-BTA | | 0.4 |
| R3′、R3″ | 1,2,3,4-BTA，1,2,3,5-BTA | | 1.2 |

| 峰序号 | 缩写 | 结构 | 含量（质量分数）/% |
|---|---|---|---|
| R4 | 1,2,4-BTA | COOH / HOOC COOH | 0.4 |
| R5 | 1,2,3-BTA | COOH / COOH / COOH | 0.5 |
| R7 | 1,2-BDA | COOH / COOH | 0.3 |

## 4.1.4 分离操作步骤

取 5mL 模拟母液，调节至一定 pH，向其中加入 0.1g 金属盐，于 50℃下磁力搅拌反应 2h，形成 M-VOAs 中间体；9000r/min 离心 20min，分离出 M-VOAs 中间体沉淀，并用去离子水洗 3 次去除物理吸附的 VOAs，水洗液与上清液混合后形成上清液 A（分离剩余液），经 HPLC 分析检测分离剩余有机羧酸；所得 M-VOAs 中间体沉淀用 5mL、0.5mol/L NaOH 溶液溶解，"释放"出与金属离子结合的有机羧酸，同时金属离子 $M^{n+}$ 转化为 $M(OH)_n$ 沉淀。离心得到上清液 B（分离液），其中含有金属离子从模拟母液中转运分离出来的有机羧酸，进行 HPLC 分析。以模拟母液中加入 $FeCl_3$ 为例，详细分离过程如图 4-5 所示。

从图 4-5 中可以看出，模拟母液为澄清透明的无色溶液，加入 $FeCl_3 \cdot 6H_2O$ 反应后形成黄棕色沉淀，即分离中间体 Fe-VOAs，转移出离心上清液 A 作为分离剩余液与沉淀水洗液合并后进行 HPLC 分析，检测未与金属铁结合的剩余有机羧酸；

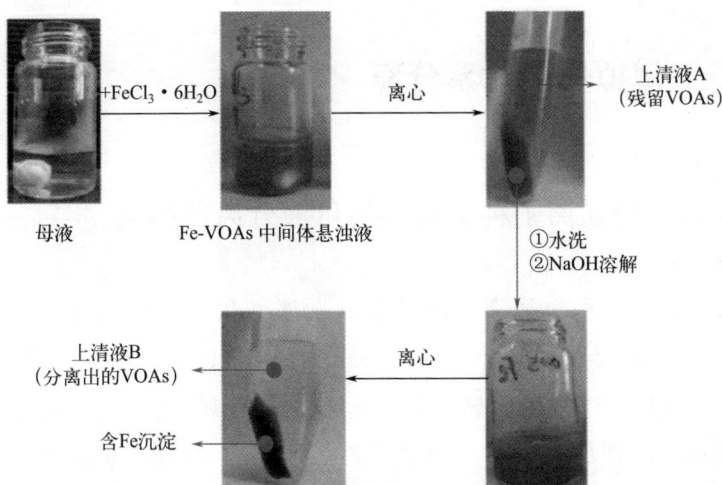

图 4-5　FeCl$_3$·6H$_2$O 分离模拟母液的流程图（见彩插）

（分离条件：5mL 母液，pH 6；FeCl$_3$·6H$_2$O，0.2g，50℃，2h）

分离中间体 Fe-VOAs 水洗三次后（水洗液与上一步上清液合并），经 NaOH 溶液溶解，"释放"出与铁离子结合的羧酸，铁离子与多余的碱形成氢氧化铁沉淀，离心发现上清液 B 颜色变浅，接近无色，说明铁盐基本与羧酸分开，上清液 B 中为从 Fe-VOAs 释放出的羧酸 VOAs，经 HPLC 分析即可知铁离子可以从模拟母液中转运分离出的有机羧酸的种类和各有机酸的分离率。

实际体系的分离过程与模拟母液的一致。同时还考察了不同的分离条件对分离的影响，包括母液的初始 pH 值（2、4、6 和 8），不同的金属盐用量（0.05g、0.1g、0.2g 及 0.4g），不同的反应温度（25℃、50℃和 75℃）。

# 4.2 模拟母液体系分离

## 4.2.1 金属离子种类对模拟母液分离的影响

考察了多种金属离子作为转运分子，包括常见的过渡金属（$Fe^{3+}$、$Co^{2+}$、$Cu^{2+}$、$Mn^{2+}$）、稀土金属（$La^{3+}$、$Ce^{3+}$、$Pr^{3+}$、$Nd^{3+}$、$Yb^{3+}$）、碱土金属（$Ca^{2+}$）和主族金属（$Al^{3+}$）。将这些金属加入模拟母液中后，除了 $Co^{2+}$ 和 $Al^{3+}$，其他金属离子与母液中的羧酸均可产生沉淀。不同金属加入模拟母液中反应 2h 后的实验现象如图 4-6 所示。几种典型金属离子分离母液的实验现象如图 4-7 所示。

图 4-6 模拟母液中加入不同金属后的实验现象（见彩插）

[分离条件：金属用量 0.2g（$MnCl_2$ 和 $AlCl_3$ 为 0.4g），50℃，2h]

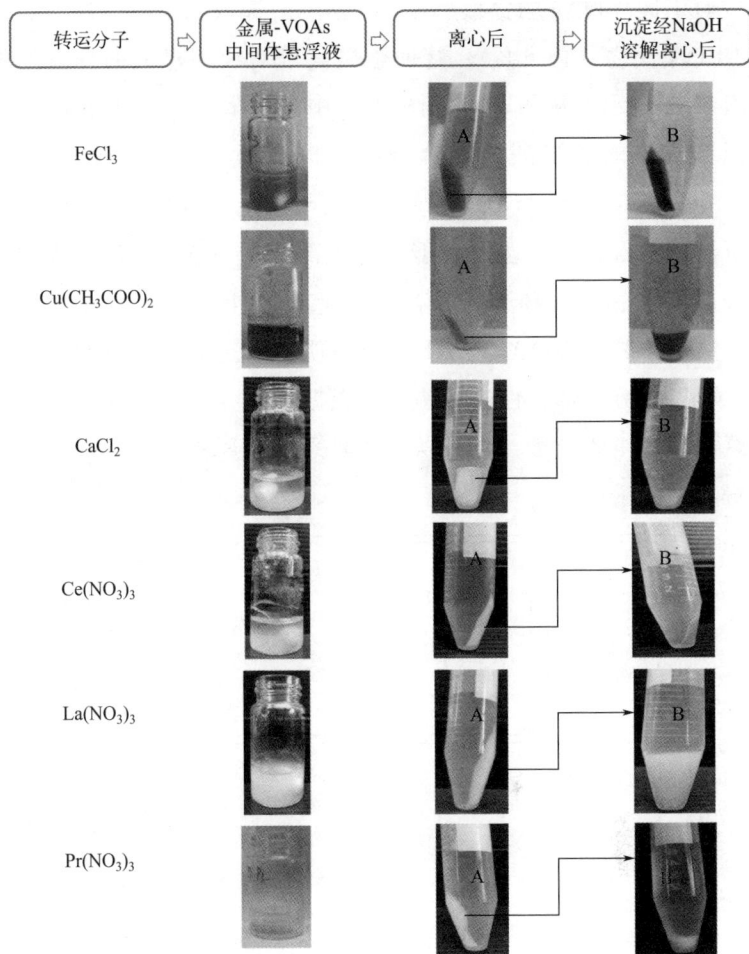

图 4-7　几种典型金属离子分离母液的现象图（见彩插）

以 FeCl$_3$ 为例，图 4-8 显示了 FeCl$_3 \cdot 6H_2O$ 对模拟母液的分离结果，从 HPLC 图上可以看出，分离液（上清液 B）中含有母液所含的各类羧酸，分离剩余液（上清液 A）中也包含一些羧酸，但是响应值较小，说明 Fe$^{3+}$ 可以结合分离模拟母液中大部分 VOAs；从图中插入的每种有机羧酸的提取率结果可以看出，

$Fe^{3+}$ 对不同 VOAs 的提取率不同，BA 的提取率最低（14.4%），1,2-BDA 次之（41.1%）。其他金属离子对模拟母液的分离结果如附录 A 所示。从图 A.1～图 A.8 中可以看出，各金属离子对模拟母液中的各羧酸的结合种类、提取率均不同，如 $Ca^{2+}$ 和 $Mn^{2+}$ 可以选择性地与 BHA 结合，但与其他 VOAs 的结合较弱，甚至没有结合；$Cu^{2+}$ 虽然也能结合大部分的 VOAs，但是提取率却普遍低于 $Fe^{3+}$；稀土类的五种金属离子对 1,3,5-BTA 的提取率明显高于其他 VOAs。以上结果表明，通过选择合适的金属离子，可以对分离选择性进行调节。根据不同金属离子对 VOAs 的分离性能，本研究进一步将以上所研究的金属离子分为四类，如表 4-3 所示。

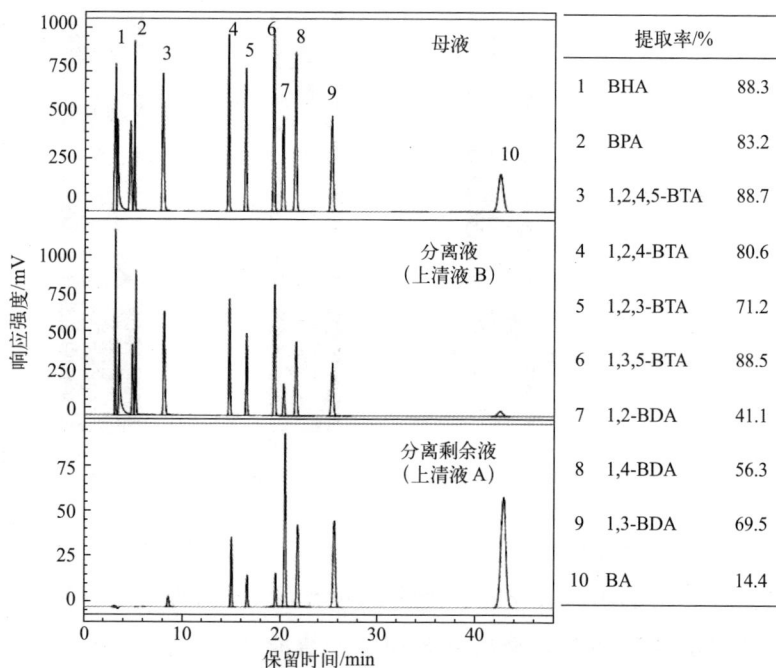

| | 提取率/% |
|---|---|
| 1 BHA | 88.3 |
| 2 BPA | 83.2 |
| 3 1,2,4,5-BTA | 88.7 |
| 4 1,2,4-BTA | 80.6 |
| 5 1,2,3-BTA | 71.2 |
| 6 1,3,5-BTA | 88.5 |
| 7 1,2-BDA | 41.1 |
| 8 1,4-BDA | 56.3 |
| 9 1,3-BDA | 69.5 |
| 10 BA | 14.4 |

图 4-8 $FeCl_3 \cdot 6H_2O$ 对模拟母液的分离结果
（插入的表为每种有机羧酸的提取率）

表 4-3　针对模拟母液分离效果的金属离子分类表[①]

| 组号 | 金属离子（$M^{n+}$） | 可与 $M^{n+}$ 结合的 VOAs |
|------|------|------|
| 1 | $Fe^{3+}$、$Cu^{2+}$ | 结合较多的酸：BHA、BPA、1，2，4，5-BTA、1，2，4-BTA、1，2，3-BTA、1，3，5-BTA、1,3-BDA、1,4-BDA<br>结合较少的酸：1,2-BDA、BA |
| 2 | $La^{3+}$、$Ce^{3+}$、$Pr^{3+}$、$Nd^{3+}$、$Yb^{3+}$ | 结合较多的酸：BHA、BPA、1,3,5-BTA<br>结合较少的酸：1，2，4，5-BTA、1，2，4-BTA、1,2,3-BTA、1,3-BDA<br>几乎不结合的酸：1,2-BDA、1,4-BDA、BA |
| 3 | $Ca^{2+}$、$Mn^{2+}$ | 结合较多的酸：BHA<br>结合较少的酸：BPA<br>几乎不结合的酸：1，2，4，5-BTA、1，2，4-BTA、1，2，3-BTA、1，3，5-BTA、1,3-BDA、1,4-BDA、1,2-BDA、BA |
| 4 | $Al^{3+}$、$Co^{2+}$ | 现有分离条件下无沉淀产生 |

　　① 分离条件：母液 5mL；pH 为 6；金属用量为 0.1g（其中 $Mn^{2+}$ 0.4g，$Fe^{3+}$ 0.2g，$Ce^{3+}$ 0.05g）；50℃；2h。

## 4.2.2　金属离子用量对模拟母液分离的影响

　　本节以 $Cu^{2+}$ 为例，考察了金属离子用量对模拟母液分离效果的影响。$Cu^{2+}$ 的用量不同对分离效果的影响如图 4-9 和表 4-4 所示，$La^{3+}$、$Ce^{3+}$、$Pr^{3+}$、$Nd^{3+}$、$Yb^{3+}$ 和 $Ca^{2+}$ 的不同用量对分离效果的影响见附录图 A.9～图 A.14 和表 A.1～表 A.6。

　　从图 4-9 可以看出，不同质量的 $Cu^{2+}$ 加入模拟母液中后，对母液中的各个羧酸均有一定程度的结合，而对结合羧酸的选择性随 $Cu^{2+}$ 用量的增加没有明显变化；从表 4-4 可以看出，$Cu^{2+}$ 用量从 0.1g 增加到 0.2g，所结合的各羧酸的提取率均有所提高，

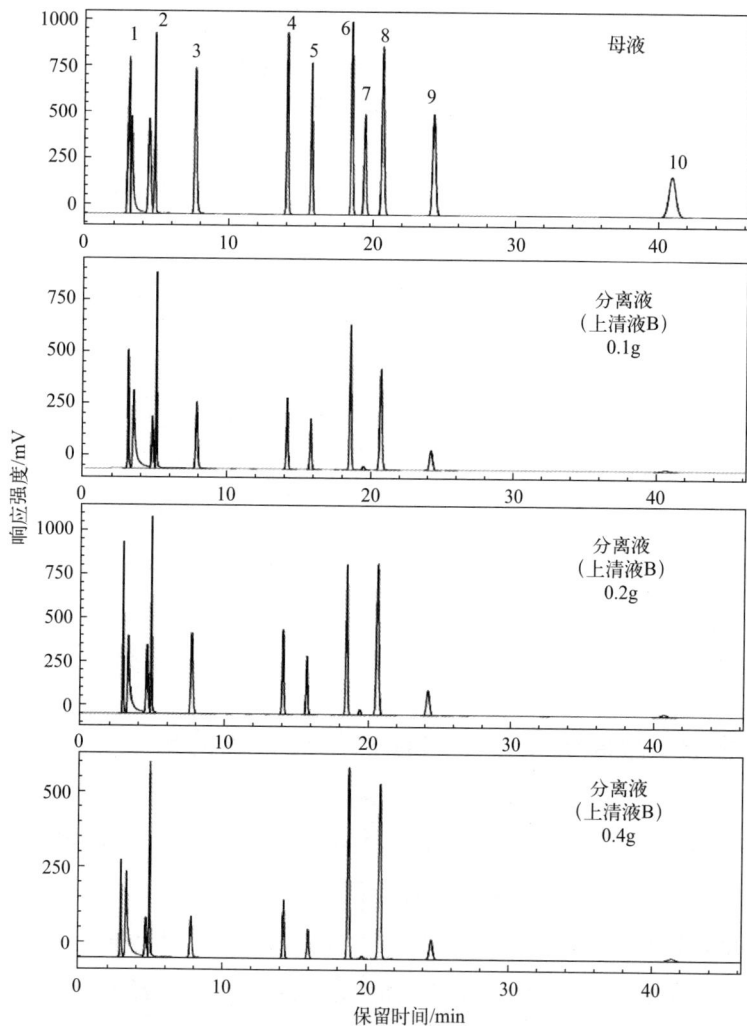

图 4-9　Cu(CH₃COO)₂·H₂O 用量的不同对模拟母液分离效果的影响
(分离条件：5mL 母液，50℃，2h)

褐煤氧化解聚及解聚产物利用

表 4-4　$Cu(CH_3COO)_2 \cdot H_2O$ 用量的不同对分离提取率的影响

| 序号 | 缩写 | 提取率/% | | |
|---|---|---|---|---|
| | | $Cu(CH_3COO)_2 \cdot H_2O$ 用量/g | | |
| | | 0.1 | 0.2 | 0.4 |
| 1 | BHA | 63.3 | 77.8 | 40.7 |
| 2 | BPA | 58.5 | 73.3 | 33.8 |
| 3 | 1,2,4,5-BTA | 41.1 | 55.9 | 15.4 |
| 4 | 1,2,4-BTA | 35.1 | 46.2 | 17.6 |
| 5 | 1,2,3-BTA | 30.9 | 39.0 | 10.5 |
| 6 | 1,3,5-BTA | 70.7 | 80.4 | 58.5 |
| 7 | 1,2-BDA | 2.0 | 4.8 | 0.6 |
| 8 | 1,4-BDA | 56.9 | 92.7 | 62.0 |
| 9 | 1,3-BDA | 18.5 | 24.7 | 10.8 |
| 10 | BA | 2.7 | 4.9 | 3.3 |

但继续增加用量至 0.4g，提取率反而有所下降，说明 $Cu^{2+}$ 用量不是越大越好，铜与母液中的羧酸结合遵循一定的配比，过量铜盐的加入对体系的 pH 有一定影响，不利于与羧酸有效地结合。综上，$Cu^{2+}$ 的用量不同对 VOAs 的提取率有不同程度的影响，但是对分离选择性影响不大。

从附录图 A.9～图 A.14 和表 A.1～表 A.6 中可以看出，稀土金属 $La^{3+}$、$Ce^{3+}$、$Pr^{3+}$、$Nd^{3+}$、$Yb^{3+}$ 的规律基本一致，对 1,3,5-均苯三甲酸的提取率高于其他各羧酸，且提取率随金属用量增加变化不大；而对其他有机羧酸的提取率则随用量的变化而变化，但总体上随金属用量的增加提取率没有明显增加，有些金属离子对羧酸的提取率甚至随金属离子用量的增加有所下降（如 $Yb^{3+}$），说明在实验条件下 0.1g 的碱土金属用量即可达到与母液中羧酸的有效配位。$CaCl_2$能选择性结合母液中的苯五酸和苯六酸，且随钙离子用量的增加有机酸提取率有所提高，但氯化钙在水中的溶解性较差，不易使用太高浓度。

## 4.2.3 配位反应温度对模拟母液分离的影响

从表4-5可以看出，温度从室温增加到50℃，$Cu^{2+}$对模拟母液中各羧酸的提取率变化趋势不同，但幅度都不大，说明对$Cu^{2+}$而言，温度的变化对分离的提取率和有机酸的选择性均没有较大的影响。

表4-5　温度对模拟体系提取率的影响（醋酸铜为转运分子）[①]

| 序号 | 缩写 | 提取率/% | |
| --- | --- | --- | --- |
| | | 温度/℃ | |
| | | 25 | 50 |
| 1 | BHA | 68.3 | 63.3 |
| 2 | BPA | 58.2 | 58.5 |
| 3 | 1,2,4,5-BTA | 31.1 | 41.1 |
| 4 | 1,2,4-BTA | 25.7 | 35.1 |
| 5 | 1,2,3-BTA | 20.0 | 30.9 |
| 6 | 1,3,5-BTA | 67.6 | 70.7 |
| 7 | 1,2-BDA | 1.2 | 2.0 |
| 8 | 1,4-BDA | 69.2 | 56.9 |
| 9 | 1,3-BDA | 13.8 | 18.5 |
| 10 | BA | 1.6 | 2.7 |

① 分离条件：母液5mL，$Cu(CH_3COO)_2 \cdot H_2O$ 0.1g，2h。

## 4.2.4  母液 pH 对模拟母液分离的影响

从图 4-10 和表 4-6 可以看出，当母液的 pH 值由 5.7 降为 3.6 后，$Cu^{2+}$ 对各羧酸的配位能力降低，提取率下降，进一步降

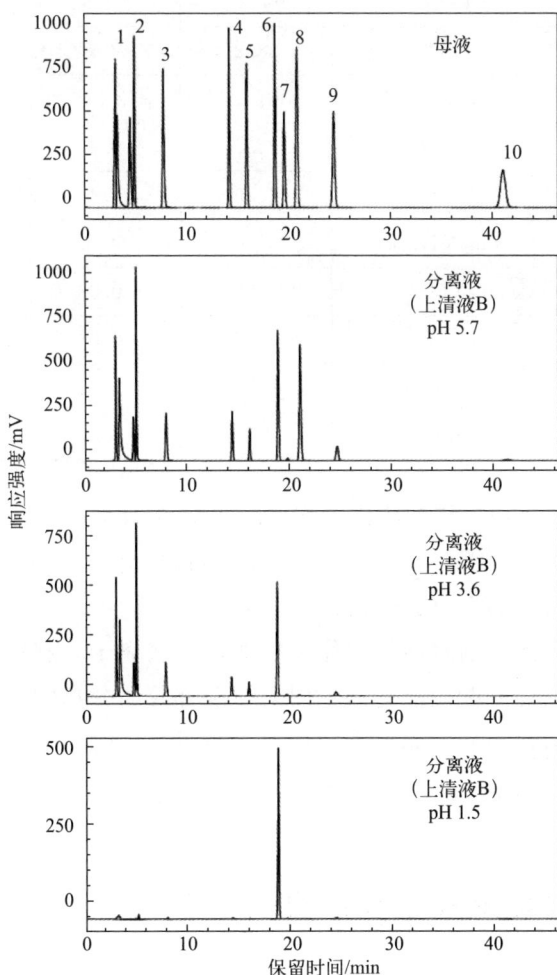

图 4-10  pH 值对模拟母液分离效果的影响（醋酸铜为转运分子）

[分离条件：母液 5mL，$Cu(CH_3COO)_2 \cdot H_2O$ 0.2g；50℃；2h]

**表 4-6　pH 值对模拟母液提取率的影响（醋酸铜为转运分子）**

| 序号 | 缩写 | 提取率/% | | |
|---|---|---|---|---|
| | | pH 值 | | |
| | | 5.7 | 3.6 | 1.5 |
| 1 | BHA | 68.3 | 34.5 | 1.8 |
| 2 | BPA | 58.2 | 50.8 | 0.0 |
| 3 | 1,2,4,5-BTA | 31.1 | 21.6 | 0.0 |
| 4 | 1,2,4-BTA | 25.7 | 9.4 | 0.0 |
| 5 | 1,2,3-BTA | 20.0 | 8.4 | 0.0 |
| 6 | 1,3,5-BTA | 67.6 | 58.1 | 56.0 |
| 7 | 1,2-BDA | 1.2 | 0.0 | 0.0 |
| 8 | 1,4-BDA | 69.2 | 0.0 | 0.0 |
| 9 | 1,3-BDA | 13.8 | 3.3 | 0.0 |
| 10 | BA | 1.6 | 0.0 | 0.0 |

低 pH 为 1.5 后，体系酸性增强，$Cu^{2+}$ 仅对母液中的 1,3,5-均苯三甲酸有明显的配位作用，说明降低母液 pH 值可以显著提高 $Cu^{2+}$ 对 1,3,5-BTA 的选择性。

　　综上所述，通过向模拟体系中加入金属离子，利用金属与母液中各羧酸之间配位能力的不同实现混合羧酸分离的方法是可行的，并且通过控制金属离子的种类、金属离子的用量、配位反应温度和母液的 pH 值，可以调控有机酸提取率和分离选择性。

# 4.3　真实母液体系分离

　　针对模拟体系的分离研究表明，采用金属离子配位分离混合体系中羧酸的技术路线是可行的，且可通过控制多种分离参数调控分离效果。在针对模拟体系研究的基础上，进一步将该路线应用于实际的褐煤氧化解聚混合物体系，即褐煤碱氧氧化产物（AOOPs）。

## 4.3.1　金属离子种类对真实母液分离的影响

将模拟体系分离过程中所研究的金属离子用于真实的 AOOPs 体系，考察该路线在实际体系分离过程中的可行性。不同金属离子对 AOOPs 的分离结果如附录 B 中图 B.1～图 B.11 所示。对于真实的 AOOPs 体系，大多数所研究的金属离子在相同的条件下与模拟系统有相似的分离行为，但也表现出一些不同的分离特性。以 $Al^{3+}$ 为例，在模拟体系中没有沉淀析出，但在真实体系中，可以分离出 AOOPs 中的大部分 VOAs（图 B.2）。$Cu^{2+}$ 在 AOOPs 中对草酸（OA）的选择性比在模拟系统中对苯六酸的选择性高（图 B.3）。$Co^{2+}$ 可以在 AOOPs 中形成中间沉淀，但在这个沉淀的分离液中却没有检测到 VOAs（图 B.11），推测可能是与没有紫外吸收的解聚产物发生结合。这些差异可能是由于 AOOPs 的组成比模拟体系更加复杂，金属离子除了与已知的羧酸作用，很可能还受到了其他组分的影响。与模拟体系类似，根据相似条件下不同金属离子对 AOOPs 的分离性能，将所研究的金属离子分为 5 类（表 4-7）。

表 4-7　针对真实 AOOPs 体系分离效果的金属离子分类表[①]

| 组号 | 金属离子（$M^{n+}$） | 与 $M^{n+}$ 结合的 VOAs |
| --- | --- | --- |
| 1[②] | $Fe^{3+}$、$Al^{3+}$ | 结合较多的酸：BPA、OA、1,2,4,5-BTA、1,2,4-BTA、1,2,3-BTA、1,2-BDA |
| 2 | $Cu^{2+}$ | 结合较多的酸：OA<br>结合较少的酸：BPA、1,2,4-BTA、1,2,3-BTA、1,2-BDA |

| 组号 | 金属离子（$M^{n+}$） | 与 $M^{n+}$ 结合的 VOAs |
|---|---|---|
| 3 | $La^{3+}$、$Ce^{3+}$、$Pr^{3+}$、$Nd^{3+}$、$Yb^{3+}$ | 结合较多的酸：OA、BPA、1,2,4,5-BTA、1,2,4-BTA、1,2,3-BTA、1,2-BDA |
| 4 | $Ca^{2+}$、$Mn^{2+}$ | 结合较多的酸：OA、BPA<br>结合较少的酸：1,2,4,5-BTA、1,2,4-BTA、1,2,3-BTA、1,2-BDA |
| 5 | $Co^{2+}$ | 中间体沉淀中未检测到 VOAs |

① 分离条件：AOOPs 体积 5mL，pH 6（$Fe^{3+}$ 为 8，$Cu^{2+}$ 为 2），金属用量 0.05g（稀土离子与锰离子为 0.2g）。

② 对 $Fe^{3+}$ 而言，所测到的 VOAs 以草酸为主。

## 4.3.2 其他条件对真实体系分离的影响

通过对模拟体系的分离研究发现，对模拟体系而言，除了分离所用的金属离子的种类不同对有机羧酸的提取率和选择性有影响外，母液的 pH 值、反应的温度和金属离子的用量都对分离有不同程度的影响。所以在实际的 AOOPs 体系分离过程中，同样考察了这些参数对分离的影响。本节选取过渡金属中的 $Fe^{3+}$ 和稀土金属中的 $Nd^{3+}$ 为例，详细考察了母液pH 值、金属离子用量、分离温度等条件对 AOOPs 分离效果的影响。

对 $Fe^{3+}$ 而言，随着母液 pH 值的升高和 $Fe^{3+}$ 用量的增加，母液中几乎所有可测到的有机羧酸的提取率均有显著提高；而随着反应温度的增加，提取率却在下降，如图 4-11（a）、（b）、（c）所示。有趣的是，调节母液的 pH 值可以显著改变分离剩余液

（上清液 A）的组成，如图 4-11（d）所示。pH 值为 8 时，在分离剩余液中检测到的 VOA 主要为草酸（OA），说明此条件下，$Fe^{3+}$ 分离剩余液中只有草酸。

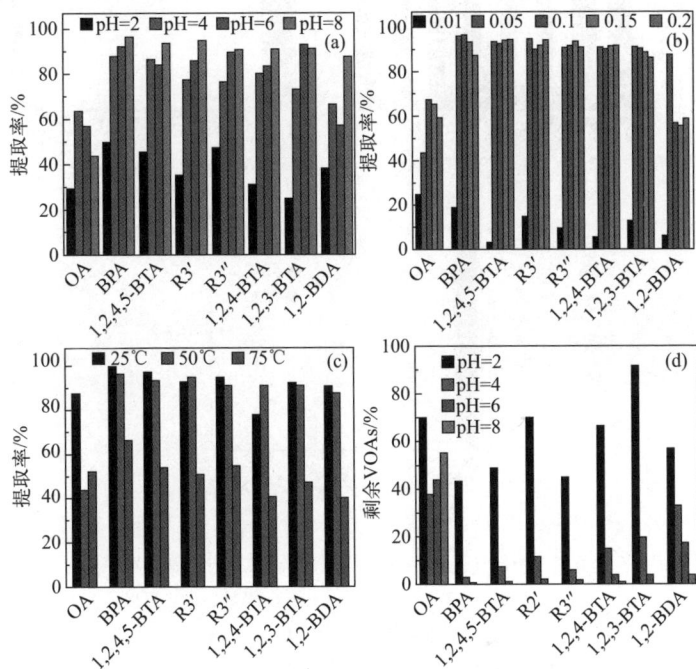

图 4-11　$FeCl_3 \cdot 6H_2O$ 为转运分子时各参数对分离效果的影响（见彩插）
[pH 值（a）、$FeCl_3 \cdot 6H_2O$ 用量（g）（b）、温度（c）和 pH 值对分离剩余液（上清液 A）组成的影响（d）]

对于 $Nd^{3+}$，母液的 pH 值和 $Nd^{3+}$ 用量对 VOAs 的选择性和提取率都有影响，如图 4-12（a）和（b）所示。而同样的 pH 值和 $Nd^{3+}$ 用量下，温度的变化对选择性和提取率没有明显的影响[图 4-12（c）]。增加 $Nd^{3+}$ 的用量，OA 的提取率降低而 1,2-BDA 的提取率增加。当母液 pH 值为 2 时，$Nd^{3+}$ 几乎可以选择性地将 OA 从 AOOPs 中分离出来。

图 4-13 清晰地反映了不同 pH 值在 $Fe^{3+}$ 和 $Nd^{3+}$ 分离过程中

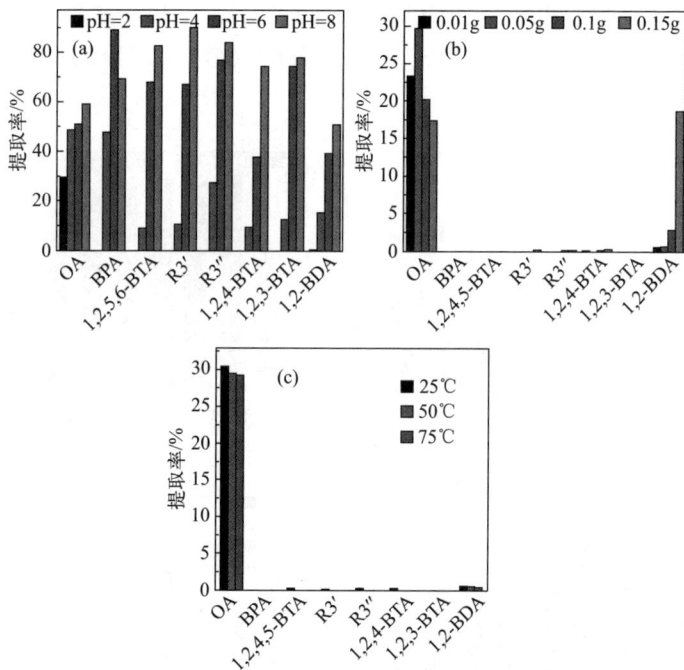

图 4-12 Nd(NO₃)₃·6H₂O 为转运分子时各参数对分离效果的影响（见彩插）

(a) pH 值；(b) Nd(NO₃)₃·6H₂O 用量；(c) 温度

注：分离条件，(a) 0.05g Nd(NO₃)₃·6H₂O，50℃；(b) pH=2，50℃；

(c) pH=2，0.05g Nd(NO₃)₃·6H₂O。

对分离选择性的影响，通过改变母液的 pH 值可方便地调控 $Fe^{3+}$ 上清液 A（分离剩余液）和 $Nd^{3+}$ 上清液 B（分离液）的组成，如图 4-13（a）和（b）所示。以上结果表明，无论是提取率还是选择性均可以通过控制分离条件来调节。

根据模拟体系和实际 AOOPs 体系的实验数据，推测不同金属离子的分离效果可能与金属的价态以及金属与羧酸的配位能力有关；此外，分离效果还与混合物的组成、有机酸的结构以及分离条件（尤其是 pH 值）有关，而配位反应温度对有机酸的分离率和选择性没有显著影响。

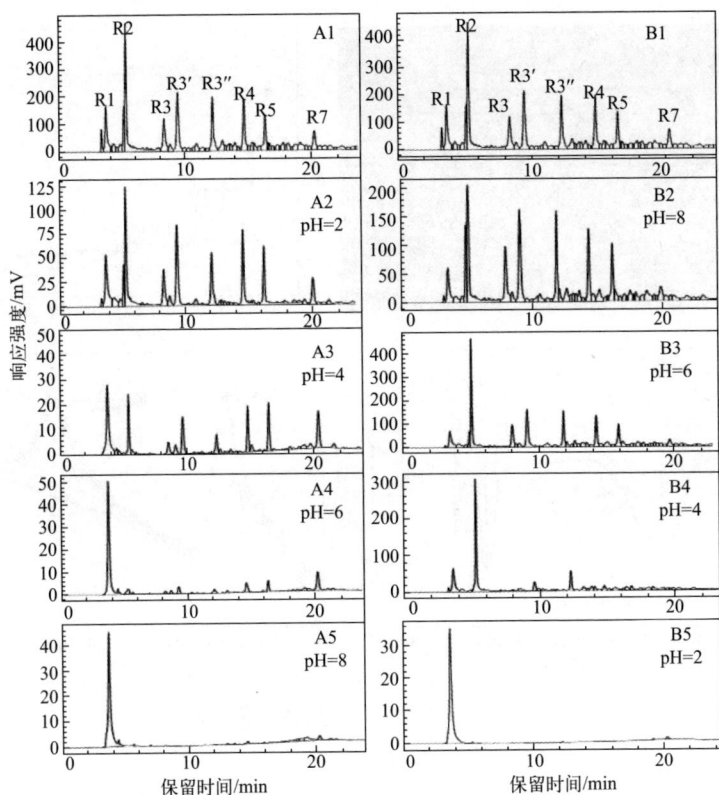

图 4-13 pH 值在 FeCl$_3$ · 6H$_2$O （A）和 Nd（NO$_3$）$_3$ · 6H$_2$O （B）
对真实 AOOPs 母液分离过程的影响

注：A1 和 B1 表示真实 AOOPs 母液的 HPLC 图；A2～A5 表示不同 pH 值下 FeCl$_3$ · 6H$_2$O
分离剩余液（上清液 A）的 HPLC 图；B2～B5 表示不同 pH 值下 Nd（NO$_3$）$_3$ · 6H$_2$O 分离液
（上清液 B）的 HPLC 图。分离条件：AOOPs 溶液，5mL；金属盐用量，0.05g；温度，50℃；
反应时间 2h。R1 代表 OA；R2 代表 BPA；R3 代表 1,2,4,5-BTA；R3′ 和 R3″ 代表
1,2,3,4-BTA 和 1,2,3,5-BTA，由于二者结构相似，各自确切的保留时间不能确定；
R4 代表 1,2,4-BTA；R5 代表 1,2,3-BTA；R7 代表 1,2-BDA。

## 4.3.3 分离中间体的结构表征

为了深入认识分离过程，以 Nd-VOAs 中间体为例对分离中间体结构进行了表征，如图 4-14 所示。

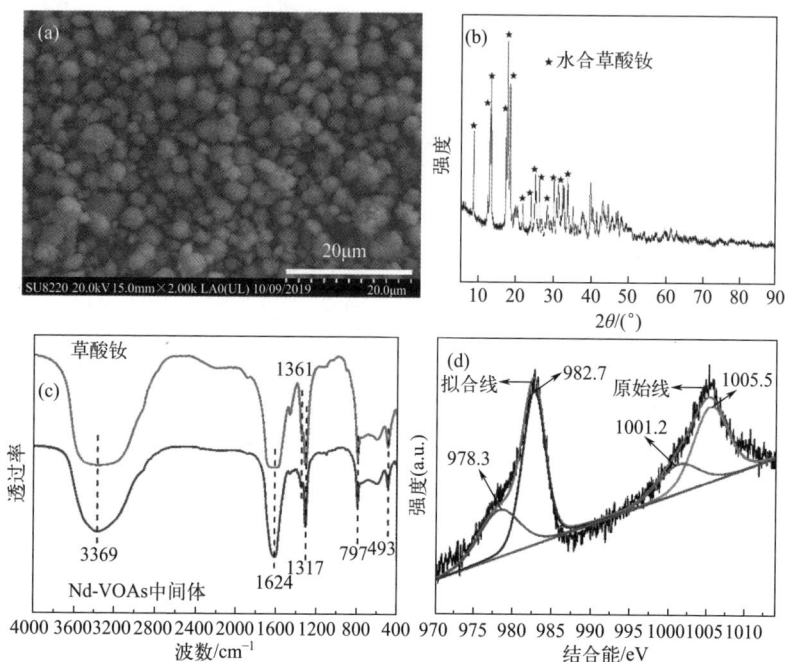

图 4-14 Nd-VOAs 中间体结构表征

（a）SEM 图；（b）XRD 图；（c）FTIR 图；（d）Nd 3d XPS

SEM 图显示，Nd-VOAs 中间体呈规则球形［如图 4-14（a）］；XRD 图谱显示 Nd-VOAs 中间体为水合草酸钕的典型衍射峰［如图 4-14（b）］。Nd-VOAs 中间体的红外光谱如图 4-14（c）所示，并与水合草酸钕进行了比较。约 1624cm$^{-1}$ 处的吸收谱带属于 C＝O 的不对称伸缩振动，1361cm$^{-1}$ 和 1317cm$^{-1}$ 处的吸收峰对应于 C—O 的对称伸缩振动。797cm$^{-1}$ 处的峰值可能是由于金属氧键（M-O）的存在和 O—C＝O 的面内弯曲振动造成的。在 493cm$^{-1}$ 处的吸收是由于环的变形和 O—C＝O 的弯曲振动。中心约 3369cm$^{-1}$ 的宽带可以归属于吸附水的 OH 的不对称伸缩振动。XRD 和 FTIR 结果表明，Nd-VOAs 中间体中的 VOAs 主要是草酸，这与 HPLC 结果一致。Nd 3d XPS 表明，Nd 可能以羧酸盐

（1005.5eV 和 1001.2eV 的结合能）和氧化钕（$Nd_2O_3$，结合能982.7eV 和 978.3eV）两种形式存在。这些结果证明，$Nd^{3+}$ 确实可以与 VOAs（如草酸）中的羧基结合，将其从复杂混合物中分离出来。

## 4.3.4 金属离子回收利用

根据上文所述，利用金属离子分离实际褐煤解聚产物中有机羧酸的路线是可行的，但在中间体溶解，释放出有机羧酸后，金属离子以氢氧化物沉淀 $M(OH)_n$ 的形式存在，若直接丢弃势必会造成金属资源的浪费和环境的污染，如何回收金属离子，并加以循环利用是这条路径的关键。

本章设计了一条金属离子回收方案，对金属离子回收利用的可能性进行了尝试。将上述 $M(OH)_n$ 用 HCl 溶液进行溶解，再次释放出其中的金属离子 $M^{n+}$，并直接加入待分离母液中，进行金属离子的第二次使用。

以 $Nd^{3+}$ 的再生和重复利用为例。按照上述过程，按照分离条件为 AOOPs 母液 pH=2，体积为 5mL，$Nd(NO_3)_3 \cdot 6H_2O$ 用量为 0.05g（初始量），50℃下反应 2h 来进行 $Nd^{3+}$ 重复利用实验。$Nd^{3+}$ 连续使用两次的循环过程和分离结果分别如图 4-15 和图 4-16

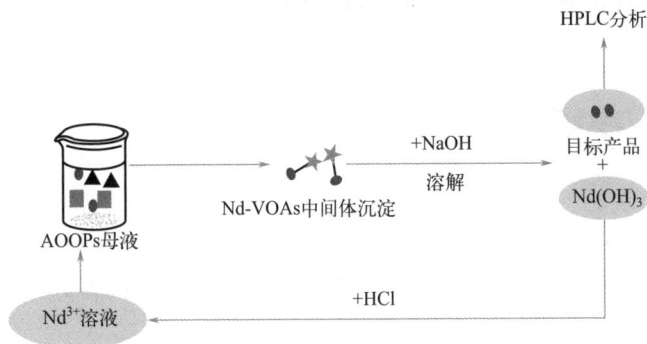

图 4-15　通过 HCl 溶解回收 $Nd^{3+}$ 过程

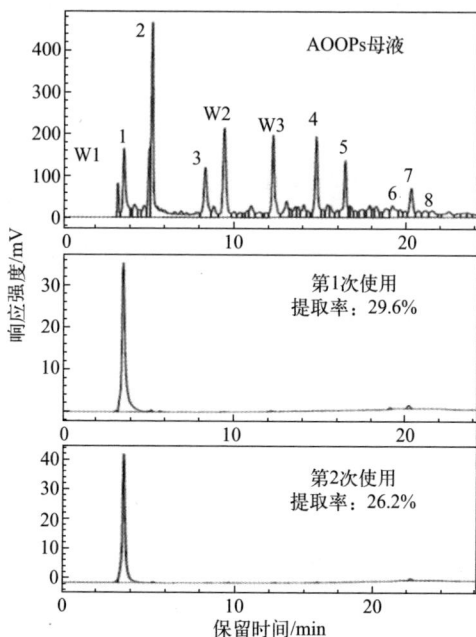

图 4-16　Nd$^{3+}$ 循环两次的分离效果图
[图中的提取率针对的是 R1 峰（草酸）]

所示。结果表明，Nd$^{3+}$ 可以通过在 HCl 溶液中溶解而简单地再生，连续使用两次后，钕对草酸的提取率无明显下降，表明通过 HCl 溶解可实现金属离子的回收利用。

# 4.4　小结

本章围绕从褐煤解聚产物中获取有机酸高附加值化学品的分离过程开展研究，首次提出了金属离子配位分离的新路线，主要结论如下：

① 利用不同有机酸与金属离子间的选择性配位作用，提出

金属离子配位"转运"分离有机酸新路线，考察了 10 余种金属离子对模拟有机酸混合体系和真实褐煤碱氧氧化解聚物体系的分离效果，证明了分离路线是可行的。

② 通过改变金属离子种类，可以对分离选择性和有机酸的提取率进行调节。$Ca^{2+}$ 和 $Mn^{2+}$ 可以选择性地与苯六酸结合，与其他有机酸的结合较弱；稀土类金属、$Cu^{2+}$ 和 $Fe^{3+}$ 等均可以结合大部分有机酸，对各羧酸的提取率有所不同，$Cu^{2+}$ 对各羧酸的提取率普遍低于 $Fe^{3+}$；改变金属离子与有机酸的比例及溶液 pH 值对有机酸提取率和分离选择性也有显著调控作用，对 $Fe^{3+}$ 而言，随着母液 pH 值的升高和 $Fe^{3+}$ 用量的增加，各有机酸的提取率均有显著提高；pH 值为 8 时，$Fe^{3+}$ 的分离剩余液以草酸为主；随着反应温度的增加，提取率下降。对 $Nd^{3+}$ 而言，增加 $Nd^{3+}$ 的用量，草酸的提取率降低，而 1,2-邻苯二甲酸的提取率增加。当母液 pH 值为 2 时，$Nd^{3+}$ 可从 AOOPs 中选择性地分离草酸；温度的变化对选择性和提取率没有明显的影响。

③ 通过对 Nd-VOAs 中间体结构的表征，对分离过程进行深入分析。XRD 和 FTIR 结果表明，Nd-VOAs 中间体中的 VOAs 主要是草酸，证明了 $Nd^{3+}$ 确实可以与 VOAs（如草酸）中的羧基结合，将其从复杂混合物中分离出来。金属离子回收利用的实验表明，$Nd^{3+}$ 可以通过在 HCl 溶液中溶解中间体沉淀而简单地再生，$Nd^{3+}$ 连续使用两次对草酸的提取率无明显下降。结果表明通过 HCl 溶解可实现金属离子的回收利用。

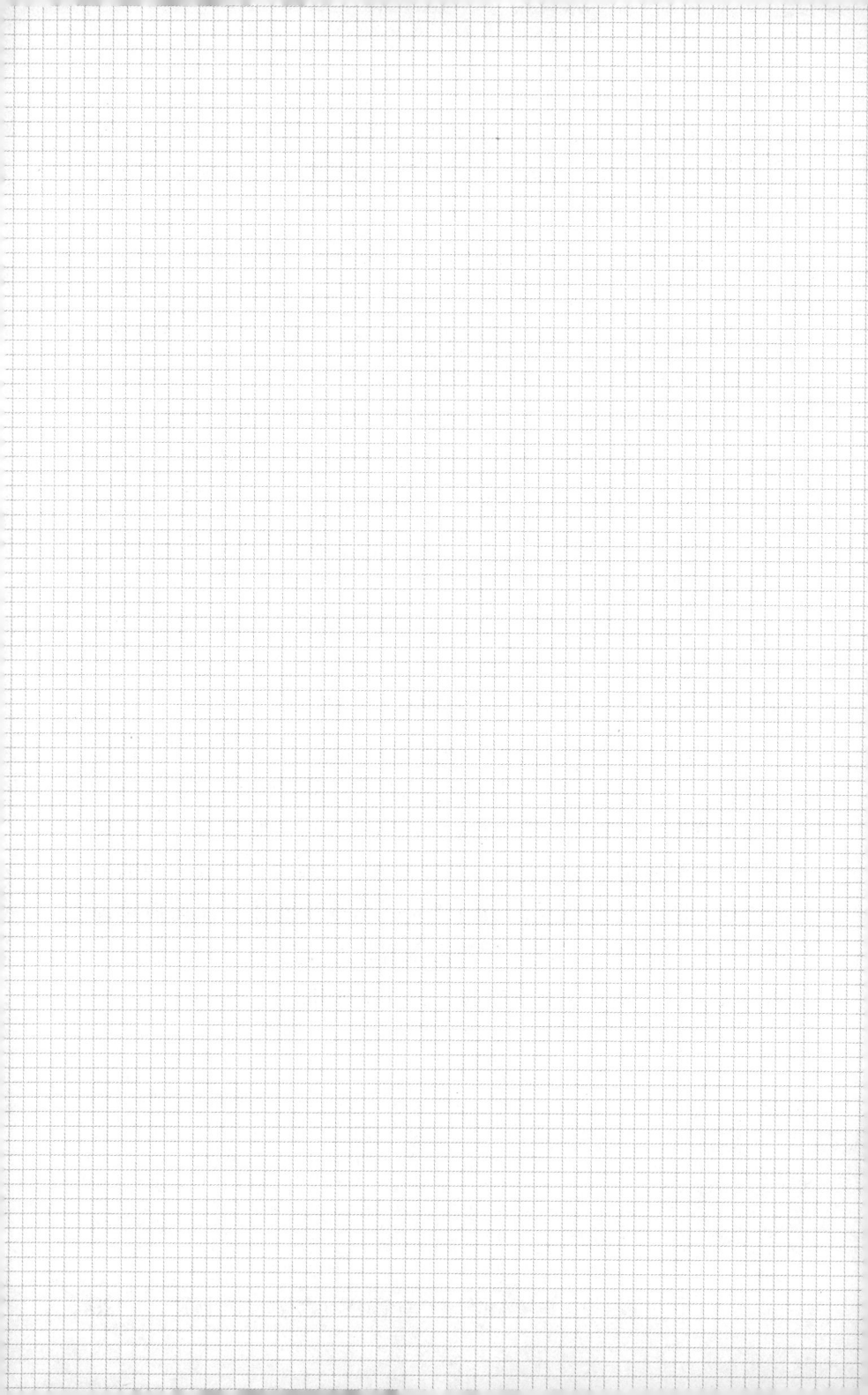

# 第 5 章

# 预热解对褐煤 RICO 解聚的影响

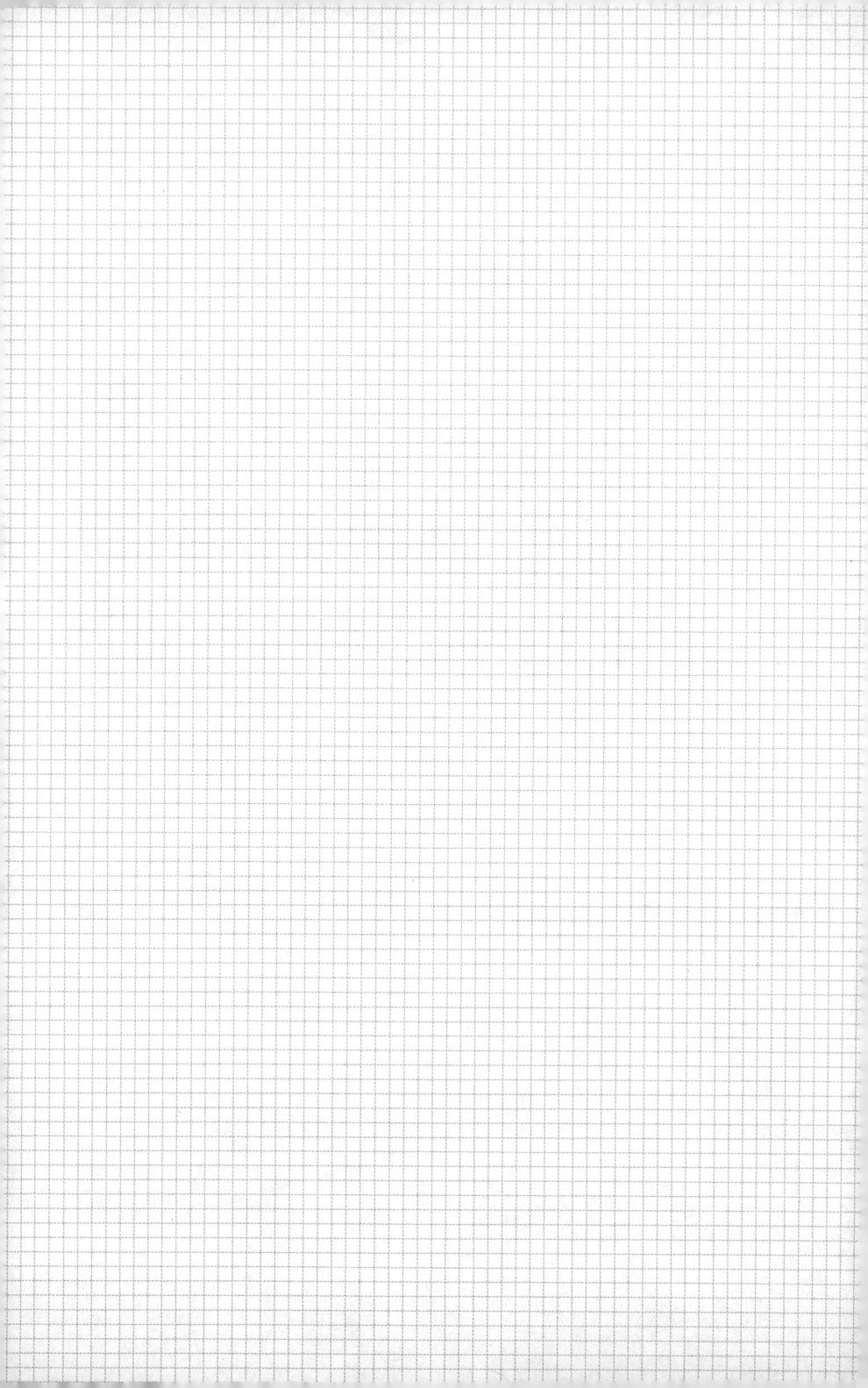

由第三、四章可知，煤炭因为内部的芳香结构丰富，具有制备苯羧酸的天然优势。第四章对褐煤解聚产物分离进行了研究，建立金属离子转运分离法对产物中的苯多酸进行分离，以求达到纯化苯羧酸（BCAs）的目的。除了对产物进行分离，还可以通过预处理方式提升 BCAs 的产率与选择性，有研究表明对褐煤进行热解预处理可以提升苯羧酸产率，同时还可以提升某一种特定苯羧酸的产率，起到提升苯羧酸选择性的作用。经过前期调研发现，对不同煤阶的煤样进行 400℃ 预热解之后，不同煤阶煤样的苯羧酸产率和选择性都有所提升，因此接下来选择储量丰富的褐煤，对预热解温度对褐煤 RICO 的影响进行研究。本章将对四种预热解温度处理之后的酸洗褐煤进行 RICO，初步探究预热解温度对解聚兴能的影响；之后通过对四种煤样结构进行表征，根据不同温度预热解处理对煤样内部结构的具体影响得到表征参数，探究预热解温度对煤样 RICO 解聚性能的具体影响因素，为热解煤焦的高效化利用提供了另一条参考路线。

# 5.1 褐煤预热解处理及处理后 RICO 的方法

## 5.1.1 预热解方式简介

煤炭的预处理方式多种多样，例如酸洗、热溶、热解和预氧化等，采用一种预处理方式或几种预处理方式相结合，可以改变煤炭内部结构，提高后续解聚性能。

（1）酸洗预处理

酸洗可以将煤中的矿物质离子通过盐酸、硫酸、硝酸、氢氟酸或者多酸混用的方式洗脱处理。该方法可以避免矿物质离子对后续反应产生影响，也可以改变煤的结构。Song 等对褐煤进行酸洗脱矿预处理之后热解，发现利用盐酸脱矿后的褐煤抑制了芳香环的有序排列，促进了芳环团簇的形成。Yao 等将褐煤原煤和酸洗煤进行钌离子催化氧化后对比，发现酸洗脱矿之后的褐煤苯羧酸产率更高。考虑到褐煤中矿物质可能对氧化解聚效果有影响，本章采用脱矿褐煤进行实验。

（2）热溶预处理

热溶预处理可以破坏煤炭的分子间相互作用力和部分较弱的共价键。Liu 等研究了 $H_2O_2$ 氧化所得到的先锋褐煤残渣，发现其可以被高选择性地氧化成苯羧酸以及芳香酸，其中苯羧酸以苯五酸以及苯六酸为主。Wu 等将锡林郭勒褐煤进行热溶预处理之后进行弱碱氧氧化，发现产物中的 $CO_2$ 生成量减少，所得的腐植酸具有更多的含氧官能团以及更好的芳香性。通过热溶调控煤炭内部结构，可以有效提高煤炭的碳利用率，提高解聚性能，减少 $CO_2$ 排放。

（3）热解预处理

热解预处理在氧化解聚领域中应用较少，煤中的含氧官能团因温度升高而减少，但是预热解可以使煤炭结构变得致密，从而对氧化产物起到一定的选择作用。Jiang 等将胜利褐煤预热解后进行双氧水氧化，探究其对氧化产物中苯羧酸产率的影响，发现合适的预热解温度可以提升产物中苯六酸的产率。Lv 等对已进行过热解处理的贵州焦炭进行钌离子催化氧化，结果表明煤炭结构经过热解处理已高度缩合，形成拥有致密石墨化结构的焦炭，RICO 可以将焦炭中的芳香环结构充分利用，得到较高产率的苯六酸。通过热解预处理可以提升苯羧酸产物尤其是苯六酸的选择性，但是具体如何影响还没有明确的报道。

（4）预氧化处理

预氧化处理是指在正式氧化之前先进行一次氧化处理，改变煤炭结构，使之后的氧化解聚更加完全，得到的产物更加细化。Liu 等使用双氧水对胜利褐煤进行预处理之后再进行次氯酸钠氧化，发现预氧化处理显著提高了苯羧酸以及脂肪酸的产率。之后他们使用同样的方法对烟煤进行处理，抑制了氯代苯羧酸的生成，苯羧酸的产率达到了 21%（质量分数）。孙勇对不同煤阶的煤样分别进行了预氧化处理，探究其对煤表面官能团的影响，发现预氧化过程可以改变煤中含氧官能团的含量，不同煤化程度的煤随着预氧化温度的升高，含氧官能团的含量均先增后降。Lv 等先对义马长焰煤进行双氧水氧化，之后进行钌离子催化氧化，发现产物主要是苯羧酸，占所有氧化产物的 70% 以上，且显著降低了 $CO_2$ 的排放。预氧化处理同样可以提升煤炭的碳利用率，不同的预氧化方式还会对产物产生不同的选择性。本章使用的是预热解处理，处理过程及后续 RICO 过程中使用的化学试剂见表 5-1，实验仪器详见第二章表 2-2。

表 5-1　实验试剂及药品

| 试剂名称 | 规格 | 生产厂家或来源 |
| --- | --- | --- |
| 高锰酸钾（$KMnO_4$） | 分析纯 | 北京伊诺凯科技有限公司 |
| 硝酸钠（$NaNO_3$） | 分析纯 | 北京伊诺凯科技有限公司 |
| 双氧水（$H_2O_2$） | 分析纯 | 天津风船化学试剂科技有限公司 |
| 硝酸银（$AgNO_3$） | 分析纯 | 辽宁沈阳医药股份公司 |
| 浓硫酸（$H_2SO_4$） | 98% | 上海明东试剂科技有限公司 |
| 浓盐酸（HCl） | 36% | 天津永晟精细化工有限公司 |
| 无水三氯化钌（$RuCl_3$） | 99.5% | 北京伊诺凯科技有限公司 |
| 四氯化碳（$CCl_4$） | 分析纯 | 北京伊诺凯科技有限公司 |
| 乙腈（$CH_3CN$） | 分析纯 | 北京伊诺凯科技有限公司 |
| 高碘酸钠（$NaIO_4$） | 99.5% | 北京伊诺凯科技有限公司 |
| 碘酸钠（$NaIO_3$） | 98% | 北京伊诺凯科技有限公司 |

| 试剂名称 | 规格 | 生产厂家或来源 |
|---|---|---|
| N-甲基-N-亚硝基对甲苯磺酰胺 | 分析纯 | 北京伊诺凯科技有限公司 |
| 三乙二醇单甲醚 | 分析纯 | 北京伊诺凯科技有限公司 |

## 5.1.2 预热解煤样制备

本章所用褐煤来自内蒙古锡林郭勒胜利煤田 2 号矿，为了去除矿物质的影响，对胜利褐煤进行酸洗预处理，煤样颗粒要求及酸洗处理具体步骤可以参考本书 2.1.2（1）。

为了制备不同预热解温度的胜利褐煤煤样，使用 OTF-1200X-S 管式炉对制备好的煤样进行预热解处理。将放入坩埚中的煤样送入管式炉中，设置初始温度为 50℃，以 5℃/min 的速率分别升温至 200℃、400℃、600℃后，保持 2h。等管式炉降至室温后，得到 200℃、400℃、600℃ 酸洗煤预热解煤焦（$200SL^+$、$400SL^+$、$600SL^+$）。

四种煤样的工业分析和元素分析具体如表 5-2 所示。

表 5-2　煤样的工业分析和元素分析

| 样品 | 工业分析（质量分数）/% | | | | 元素分析（d，质量分数）/% | | | | |
|---|---|---|---|---|---|---|---|---|---|
| | $M_{ad}$ | $A_d$ | $V_d$ | $FC_d$ | C | H | N | S | $O^*$ |
| $SL^+$ | 1.84 | 7.53 | 37.89 | 54.58 | 64.26 | 4.06 | 3.02 | 2.22 | 18.91 |
| $200SL^+$ | 1.19 | 7.28 | 37.16 | 55.56 | 64.18 | 3.82 | 2.74 | 2.03 | 19.95 |
| $400SL^+$ | 1.99 | 8.70 | 25.44 | 65.86 | 71.90 | 5.34 | 2.95 | 1.70 | 11.42 |
| $600SL^+$ | 1.79 | 10.44 | 7.66 | 81.90 | 81.79 | 2.29 | 3.03 | 1.51 | 0.94 |

注：M，水分；A，灰分；V，挥发分；FC，固定碳；ad，空气干燥基；d，干基；*，通过差值计算。

## 5.1.3 预热解煤样 RICO 解聚产物制备

预热解褐煤的 RICO 如图 5-1 所示，过程详见 3.1.2 所述。

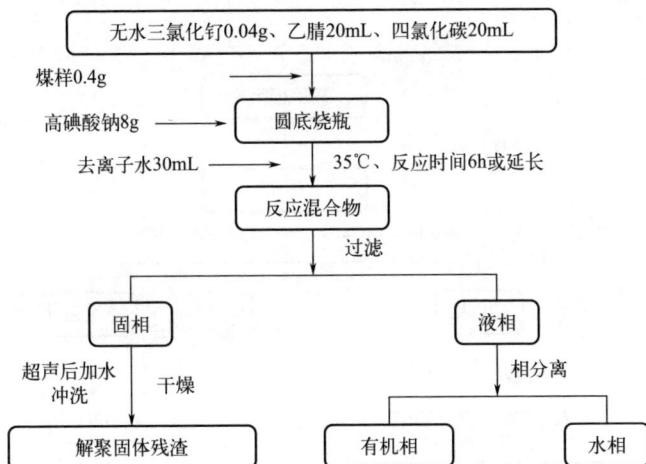

图 5-1　预热解褐煤 RICO

由于反应体系使用了大量高碘酸钠，导致解聚上清液中存在大量高碘酸钠盐以及碘酸钠盐。而液相色谱中，碘酸钠与高碘酸钠的出峰位置与 BPA、MA 相近，如果不做处理直接进入 HPLC 分析，钠盐的峰会覆盖 BPA、MA 的峰，导致无法对 BPA、MA 进行定量计算，因此除去上述两种盐类的干扰是非常必要的。课题组前期对解聚产物分离无机盐进行了深入研究，总结出两种分离方法：丁酮溶剂萃取法与不同温度结晶法。由于结晶法对苯羧酸初始产率有影响，故本实验采用丁酮溶剂萃取法，如图 5-2 所示。具体实验步骤如下：首先将粗丁酮用精馏装置在 100℃ 下进行纯化，然后使用等体积纯化后的丁酮对解聚上清液进行萃取，在萃取前先将解聚上清液进行酸化处理，即使用 18％ 盐酸溶液将解聚上清液 pH 值调到 1.5 以下，然后连续萃取三次以保证苯羧酸完全进入丁酮相中。使用分液漏斗将两相分开，将丁酮相富集后使用旋转蒸发仪除去丁酮，将剩余的少部分液体送入 105℃ 鼓风干燥箱干燥 12h 去除残余丁酮，然后加入与最初水相等体积的去离子水作为萃取液，萃取液与萃余液用于后续产物分析。

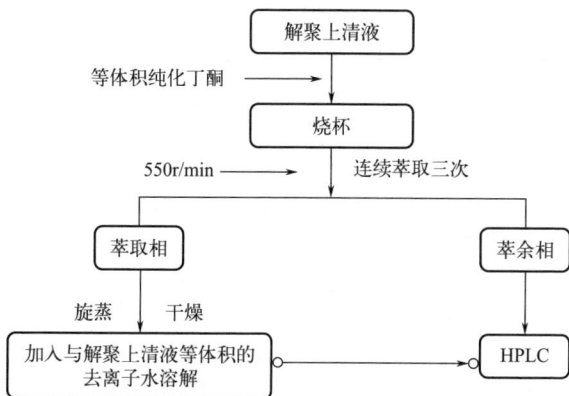

图 5-2　解聚上清液除盐步骤

为探究含氧量及含氧官能团对预热解 RICO 解聚性能的影响，对 600℃ 酸洗煤预热解煤焦进行 Hummers′ 法化学氧化。实验流程具体步骤如下：首先将 98% 浓硫酸稀释至 65%，以上步骤在冰水浴中进行。取 600℃ 酸洗煤预热解煤焦 3g 与 1.5g 硝酸钠放入 100mL 大烧杯中，加入 225mL 65% 硫酸溶液（以上步骤在冰水浴中进行），然后加入 18g 高锰酸钾（加入过程中整个反应体系的温度不超过 20℃）。将烧杯用保鲜膜封口后放入油浴锅中升温至 50℃ 并持续搅拌 30min，然后缓慢加入 145mL 去离子水。继续升温至 90℃ 并搅拌 15min 后，将烧杯放入温度为室温的水浴锅中冷却 10min，然后加入 40mL 去离子水和 20mL 双氧水反应 10min。将 180mL 去离子水以及 180mL 浓盐酸加入反应浆液中反应 1h，目的是去除混合浆液中煤样的金属离子。将反应后的浆液倒入装有滤纸的布氏漏斗中分离固液，然后用去离子水冲洗滤饼直至用硝酸银溶液检测没有沉淀产生。最后将滤饼送入 105℃鼓风干燥箱干燥 12h。制备好的预氧化煤样按照图 5-1 的流程进行 RICO 反应。

## 5.1.4 预热解煤样解聚产物分析

（1）煤样解聚率测定

$$煤样的解聚率 = \left(1 - \frac{煤样中氧化残渣的质量}{煤样的质量}\right) \times 100\%$$

（2）解聚产物的定性与定量分析

采用气相色谱-质谱联用仪（GC-MS，美国安捷伦 GC7890 MS5977）对煤样解聚产物中的苯羧酸进行定性分析。由于本实验中加入大量高碘酸钠作氧化剂，导致解聚产物中除了各种苯羧酸，还有大量的碘酸钠盐以及高碘酸钠盐，这些盐类沸点较高，直接进入气相色谱仪会对仪器检测造成影响，不宜直接进入气相色谱仪检测。此外，苯羧酸沸点较高，例如对苯二甲酸（1,4-BDA）沸点为 214.32℃、1,2,3-苯三甲酸（1,2,3-BTA）沸点为 491.30℃、1,2,4-苯三甲酸（1,2,4-BTA）沸点为 309.65℃、均苯四甲酸（1,2,4,5-BTA）沸点为 317.36℃、苯五甲酸（BPA）沸点为 399.59℃、苯六甲酸（MA）沸点为 437.66℃，高沸点苯羧酸直接进入气相色谱柱可能会导致堵塞，因此考虑对苯羧酸产物进行酯化处理。酯化实验参照文献报道，具体过程如图 5-3 所示，首先将萃取液用旋转蒸发仪去除水分，然后加入等体积乙醚溶解苯羧酸，倒入广口锥形瓶中。称取 0.6g N-甲基-N-亚硝基对甲苯磺酰胺（diazald）加入定制的反应器中，加入 1mL 三乙二醇单甲醚（TGME），然后将反应装置封口并插入广口锥形瓶中，将整个装置放入冰水浴中。用注射器吸取 1mL 提前配制好的 30％氢氧化钾溶液，从定制反应器顶部封口处缓慢滴加（在 30min 内滴完），观察到反应器中有淡黄色重氮甲烷（$CH_2N_2$）气体生成后反应 3h，得到苯羧酸酯乙醚溶液。反应结束后向定制反应器中加入 0.2g 硅酸，使残留的 $CH_2N_2$ 完全分解，然后将广口锥形瓶中的乙醚溶液收集后用 GC-MS 分析。整个反应在通风橱中进行。GC-MS 分析条件：采用程序升温方式对苯羧酸酯进行分离，初始柱温为 40℃，保持时间为 2min；然后以 10℃/min 的速率升温至 300℃并保持 2min；最后以 5℃/min 的速率升温至 325℃，保持 15min；进样量为 1μL，分流比设置为 20：1；气相色谱柱型号 HP-5MS（30m×0.25mm×0.25μm），载气为 He（1.0mL/min），进样口温度为 250℃；质谱离子源为 EI 电离源，离子源温度为 230℃，四极杆温度为 150℃，溶剂延迟为 1.5min；分析得到的质谱图利用 NIST 标准谱库进行检索。

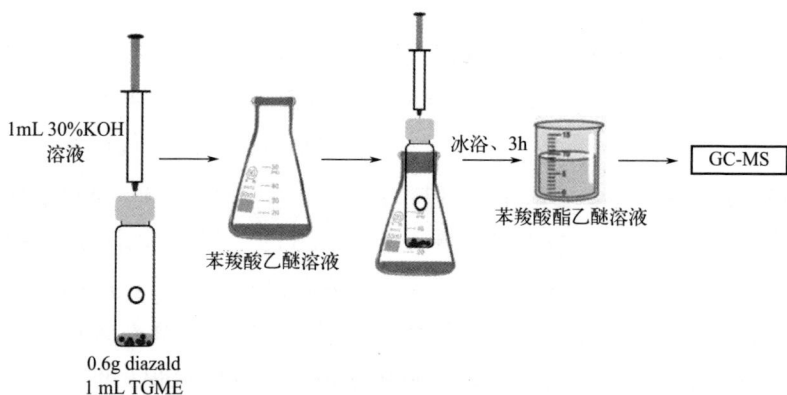

1mL 30%KOH 溶液

苯羧酸酯乙醚溶液

冰浴、3h

苯羧酸酯乙醚溶液

GC-MS

0.6g diazald
1 mL TGME

图 5-3　酯化反应步骤

采用高效液相色谱仪（HPLC，日本岛津 LC-20AT）对煤样 RICO 解聚产物中的 BCAs 进行定量分析。具体检测条件参考本书 3.1.5。

（3）煤样解聚产物中苯羧酸产率的测定

煤样解聚性能可通过解聚率和苯羧酸产率判定。

$$苯羧酸产率 = \frac{苯羧酸的质量}{煤样中有机质的质量} \times 100\%$$

煤样中有机质的质量＝煤样的质量－煤样灰分的质量－
煤样水分的质量

# 5.1.5　预热解煤样结构表征方法

（1）煤样的工业分析与元素分析

本章实验采用中国长沙开元公司的 5E-MAG6700 工业分析仪，依据国家标准 GB/T 212—2008 对煤样当中的水分（M）、灰分（A）、挥发分（V）以及固定碳（FC）含量进行测定；采用德国 Elementar 公司的 VARIO EL CUBE 元素分析仪对煤样的碳、氢、氮、硫等元素含量进行了分析，进样量为 1～2mg。最后使用差减法计算出煤样当中的氧含量。

（2）固体核磁分析（$^{13}$C NMR）

采用瑞士布鲁克公司的 BRUKER400M 核磁共振仪对煤样内部结构进行表征。使用 CP 脉冲，时间域大小为 2108 点，扫描范围为 30120hz，循环时间为 2s，接触时间为 2ms，数据采集时间为 0.34s，扫描次数为 1800 次/ns，转速为 10kr/min。为了对煤样内部结构进行定量分析，采用 MestReNova 软件对样品的$^{13}$C NMR 谱图进行分峰拟合。

其他表征方式，如 TG、FTIR、Raman 及 XPS 的表征可参考 2.1.3。

# 5.2 预热解处理及 RICO 的效果

## 5.2.1 不同预热解温度煤样 RICO 解聚性能分析

课题组前期将胜利褐煤原煤（SL）与酸洗煤（$SL^+$）RICO 进行过对比，发现煤中的矿物质会对褐煤 RICO 苯羧酸产物产生抑制作用，因此本实验采用胜利褐煤酸洗煤（$SL^+$）。

### 5.2.1.1 预热解处理对 $SL^+$ 解聚性能的影响

对 $SL^+$、$200SL^+$、$400SL^+$、$600SL^+$ 分别进行 RICO，探究不同预热解温度对褐煤 RICO 反应解聚性能的影响，得到的苯羧酸（BCAs）产率结果如图 5-4 所示。对于四种煤样，随着反应时间的增加，BCAs 的总产率也会随之上升，BPA 与 MA 在苯羧酸总产率中的占比之和均超过了 30%，MA 占比最高。对于 $400SL^+$ 来说，在反应时间达到了 48h 之后苯羧酸产率达到了最高值，为 25.43%。对于 $600SL^+$ 来说 MA 是 RICO 的主产物，但是随着反应时间的增加，除 BPA 与 MA 以外的苯羧酸也会出现，说明 600℃热解煤焦对 MA 具有一定的选择性，但是随着时间的增加选择性会有所下降。

图 5-5 为 $SL^+$、$200SL^+$、$400SL^+$、$600SL^+$ RICO 反应后的解聚率。由图可得，$SL^+$、$200SL^+$ 煤样的解聚率会随着反应时间的增加逐渐上升，但是上升幅度极其缓慢，说明这两种煤样在反应时间为 6h 时基本已经解聚完全。对于 $400SL^+$ 与 $600SL^+$，解聚率会随着反应时间的增加而增加，但是反应时间为 6h 时两者的解聚率明显低于 $SL^+$、$200SL^+$，其中 $600SL^+$ 的解聚率极

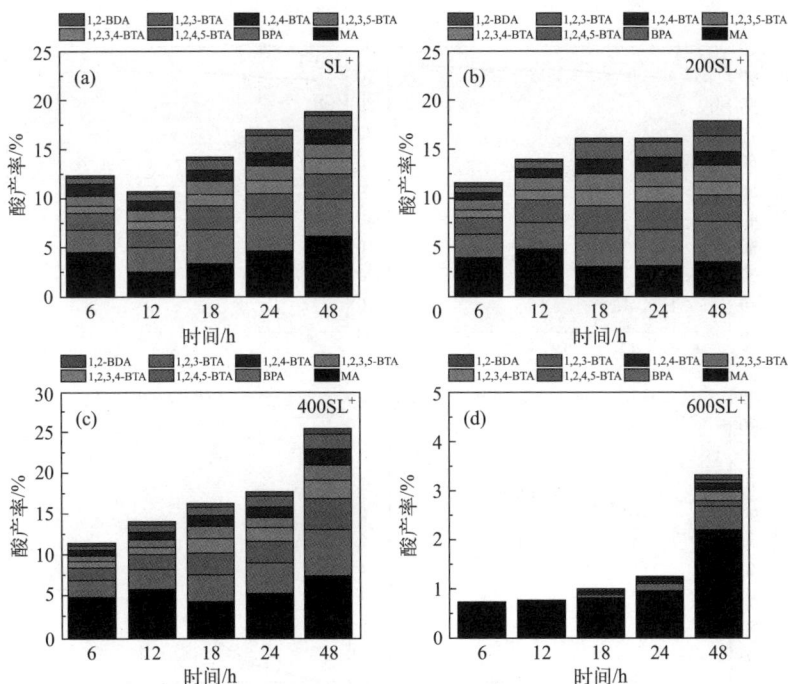

图 5-4　不同温度预热解 SL$^+$ RICO 反应 6h、12h、18h、24h、48h 的
酸产率（见彩插）

（a）未热解 SL$^+$；（b）200℃预热解 SL$^+$；（c）400℃预热解 SL$^+$；（d）600℃预热解 SL$^+$
（反应条件：煤样 0.4g，CCl$_4$ 20mL，CH$_3$CN 20mL，H$_2$O 30mL，RuCl$_3$/煤样质量比 1/10，
NaIO$_4$/煤样质量比 20/1，35℃，6h；RICO 解聚上清液
10mL，丁酮 10mL，每次萃取 1h，共萃取三次）

低，说明随着预热解温度增加煤样会变得越来越难解聚。

　　将四种煤样反应 48h 后的数据进行汇总可以更加直观地看到
预热解温度对 RICO 解聚性能的影响，如图 5-6 所示。如图 5-6
（a）所示，随着预热解温度的提升，苯羧酸产率逐渐升高，在
400℃达到最高，在 600℃骤降，说明 400℃是 SL$^+$ RICO 苯羧酸
产率的转折点。由图 5-6（b）可得，SL$^+$、200SL$^+$、400SL$^+$反
应 48h 后的解聚率均保持在 80% 以上，但是 600 SL$^+$ 的解聚率仅
仅只有 3%，说明煤样在 600℃下预热解之后，其结构会变得更

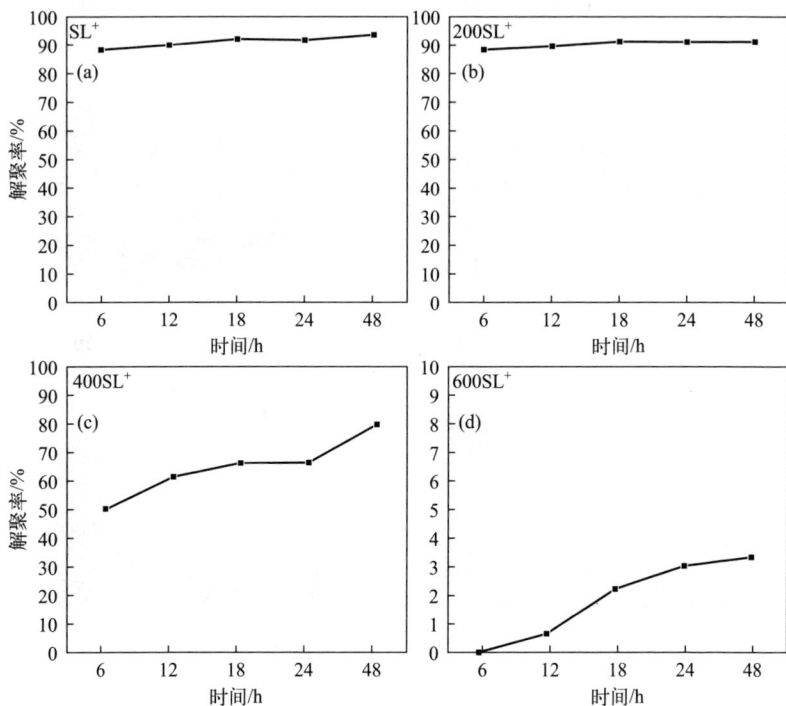

图 5-5 不同温度预热解 $SL^+$ RICO 反应 6h、12h、18h、24h、48h 的解聚率
(a) 未热解 $SL^+$；(b) 200℃预热解 $SL^+$；(c) 400℃预热解 $SL^+$；(d) 600℃预热解 $SL^+$（反应条件：煤样 0.4g，$CCl_4$ 20mL，$CH_3CN$ 20mL，$H_2O$ 30mL，$RuCl_3$/煤样质量比 1/10，$NaIO_4$/煤样质量比 20/1，35℃，6h；解聚固体残渣冲洗至无色，105℃鼓风干燥箱干燥 12h）

加难以解聚。图 5-6（c）反映了 BPA 与 MA 的变化，可以看到随着预热解温度的上升，选择性在 200℃ 最低，之后逐渐上升，在 600℃ 达到最高，为 75.36%。综上所述，随着预热解温度的上升，$SL^+$ 的解聚率会随之下降；酸产率会在 400℃ 达到最高，说明 400℃ 预热解可能会对苯羧酸产生起到促进作用；选择性会在 600℃ 达到最高，即 600℃ 热解预处理可能对 BPA 与 MA 的产生具有一定的选择性。

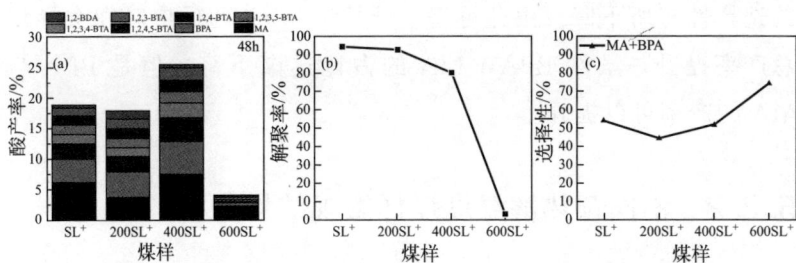

图 5-6 反应 48h 后 SL$^+$、200SL$^+$、400SL$^+$、600SL$^+$ 的解聚性能（见彩插）
(a) 苯羧酸产率；(b) 煤样解聚率；(c) BPA 与 MA 的选择性

## 5.2.1.2 延长反应时间对 600SL$^+$ 苯羧酸产率及选择性的影响

由上述实验结果可得，煤样在 600℃ 热解预处理之后进行 RICO 可以提升 BPA 与 MA 的选择性，将反应时间延长能否在保证选择性的前提下进一步提升 BPA 与 MA 的产率？结果如图 5-7 所示。由图 5-7（a）可得，解聚率随着反应时间的延长逐步增加，但是在 48h 之后煤样的解聚率提升越来越快。由图 5-7（b）可得，600SL$^+$ 的酸产率随着反应时间的延长而增加，在 168h 苯羧酸产率达到最大值，与此同时 BPA 与 MA 的产率也逐步增加，但是其余种类的苯羧酸产率也相应增加，BPA 与 MA

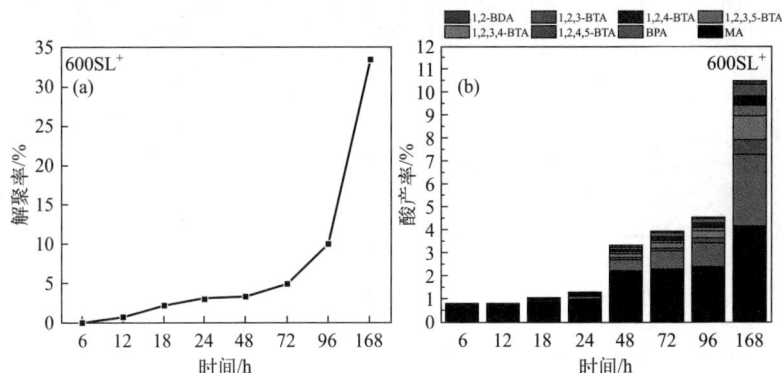

图 5-7 600SL$^+$ RICO 延长反应时间的解聚率（a）与酸产率（b）（见彩插）

的选择性有所下降。由此可得，延长 600SL$^+$ 的反应时间会导致总产率提升，虽然 BPA＋MA 的占比逐渐下降，但是 BPA 与 MA 的产率可以提升。

## 5.2.2 不同预热解温度煤样微观结构分析

使用 $^{13}$C NMR、Raman、FTIR、XPS 对煤样的微观结构进行分析，分析随着预热解温度的升高煤样内部的芳香度、石墨化程度以及含氧官能团的变化。

### 5.2.2.1 芳香度结构分析

SL$^+$、200SL$^+$、400SL$^+$、600SL$^+$ 的 $^{13}$C NMR 分析如图 5-8 所示。由图可知，随着预热解温度的增加，煤样中脂肪族碳结构峰面积越来越低，芳香族碳结构逐渐成为煤样的主要结构。SL$^+$ 中具有丰富的碳结构，但是预热解会将煤样当中的脂肪族结构与支链结构分解，使得预热解后的 SL$^+$ 中芳香族碳结构趋同，峰形逐渐尖锐。

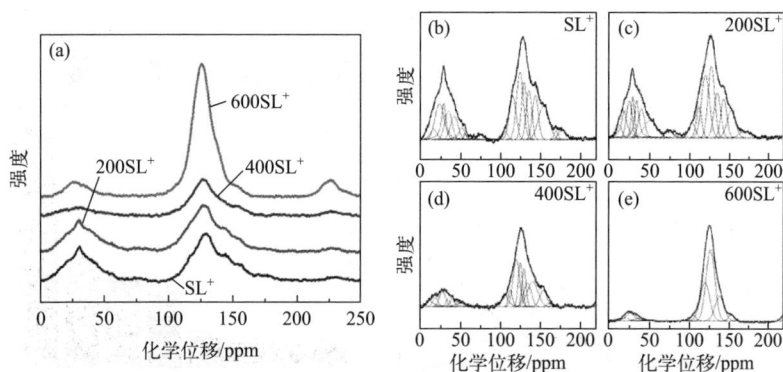

图 5-8 不同预热解温度煤样的 $^{13}$C NMR 谱图及分峰处理后的波谱图
(a) 总谱图；(b) SL$^+$；(c) 200SL$^+$；(d) 400SL$^+$；(e) 600SL$^+$

将四种煤样的固体核磁分峰拟合的数据汇总得到表 5-3。从表中数据可以得到煤样的脂肪族碳结构 $f_{al}^M$、$f_{al}^B$、$f_{al}^H$、$f_{al}^D$、$f_{al}^O$ 随着预热解温度的升高逐渐降低，并在 600SL$^+$ 中有四项碳结构完全分解，$f_{al}^A$ 由于存在与苯环相连的结构，4 种煤结构中变化不大。$f_{ar}^B$ 与 $f_{ar}^C$ 是预热解煤样的主要芳香结构，且随着预热解温度的升高占比也越来越多。此外，氧连接 $f_{ar}^O$ 在 400℃ 预热解之后占比达到最高，这可能是 400SL$^+$ 苯羧酸产率最高的原因。经过计算得出 $f_{al}$、$f_{ar}$、$f^O$，可以看到随着预热解温度升高，脂肪族碳结构逐渐减少；含氧碳结构在 600℃ 预热解之前占比较高，但是当预热解温度达到 600℃ 之后被大量分解；芳香度逐渐增加，并且在 600SL$^+$ 中达到 90.54% 的最高值。综上所述，预热解温度升高会提升 SL$^+$ 的芳香度。

表 5-3　不同预热解温度 SL$^+$ 的结构参数

| 代号 | SL$^+$ | 200SL$^+$ | 400SL$^+$ | 600SL$^+$ |
|---|---|---|---|---|
| $f_{al}^M$ | 2.36 | 1.84 | 3.81 | 0.00 |
| $f_{al}^B$ | 2.38 | 5.93 | 2.77 | 0.00 |
| $f_{al}^A$ | 9.39 | 5.92 | 5.50 | 8.51 |
| $f_{al}^H$ | 12.97 | 4.09 | 1.84 | 0.95 |
| $f_{al}^D$ | 5.17 | 5.29 | 3.01 | 0.00 |
| $f_{al}^O$ | 6.00 | 7.80 | 1.76 | 0.00 |
| $f_{ar}^H$ | 9.83 | 7.63 | 9.76 | 2.08 |
| $f_{ar}^B$ | 13.53 | 14.84 | 18.35 | 25.78 |
| $f_{ar}^C$ | 16.93 | 25.22 | 29.88 | 60.34 |
| $f_{ar}^O$ | 18.06 | 13.98 | 22.26 | 2.34 |

| 代号 | SL$^+$ | 200SL$^+$ | 400SL$^+$ | 600SL$^+$ |
|------|--------|-----------|-----------|-----------|
| $f_a^C$ | 5.19 | 2.08 | 1.06 | 0.00 |
| $f_a^O$ | 1.27 | 0.90 | 0.00 | 0.00 |
| $f_{al}$ | 38.27 | 30.87 | 18.69 | 9.46 |
| $f_{ar}$ | 58.35 | 59.68 | 80.25 | 90.54 |
| $f^O$ | 28.52 | 24.75 | 25.09 | 2.34 |

注：$f_{al}=f_{al}^M+f_{al}^B+f_{al}^A+f_{al}^H+f_{al}^D+f_{al}^O$，$f_{ar}=f_{ar}^H+f_{ar}^B+f_{ar}^C+f_{ar}^O$，$f^O=f_{al}^O+f_{ar}^O+f_a^C+f_a^O$。

## 5.2.2.2 石墨化程度分析

对 SL$^+$、200SL$^+$、400SL$^+$、600SL$^+$ 进行了 Raman 光谱分析，其结果如图 5-9 所示。为了得到 4 种煤样的 $I_{D_1}/I_G$ 值进行石墨化程度评价并且使结果更加精确，分别对其进行五峰拟合。将拟合后的结构参数汇总得到表 5-4。由表征数据可知，随着预热解温度的增加，煤样的 $I_{D_1}/I_G$ 值逐渐减小，煤样的石墨化程度逐渐升高。

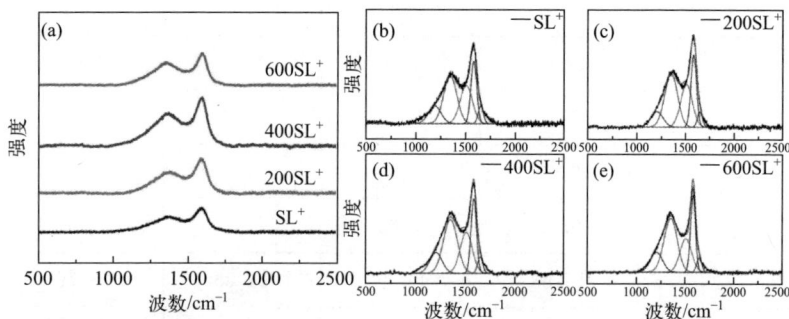

图 5-9 不同预热解温度 SL$^+$ 的 Raman 谱图以及拟合处理后的波谱图
(a) 总谱图；(b) SL$^+$；(c) 200SL$^+$；(d) 400SL$^+$；(e) 600SL$^+$

表 5-4　不同预热解温度 SL$^+$ 的 Raman 光谱数据

| 样品 | SL$^+$ | 200SL$^+$ | 400SL$^+$ | 600SL$^+$ |
|---|---|---|---|---|
| $D_1$ 峰位置/cm$^{-1}$ | 1392.42 | 1382.59 | 1379.99 | 1359.91 |
| $I_{D_1}$ | 1469.91 | 2041.38 | 2927.24 | 2066.54 |
| G 峰位置/cm$^{-1}$ | 1589.05 | 1587.52 | 1587.45 | 1586.78 |
| $I_G$ | 1916.71 | 2761.86 | 4069.53 | 2961.29 |
| $I_{D_1}/I_G$ | 0.77 | 0.74 | 0.72 | 0.70 |

### 5.2.2.3　含氧官能团结构分析

为了初步探究 SL$^+$、200SL$^+$、400SL$^+$、600SL$^+$ 结构中含氧官能团的变化，对 4 种煤样进行了 FTIR 分析，结果如图 5-10 所示。如图所示，随着预热解温度的增加，3179cm$^{-1}$ 处的羟基（—OH）吸收峰强度逐渐变弱，说明—OH 逐渐被分解。位于 2932cm$^{-1}$ 与 2849cm$^{-1}$ 处 C—H 的不对称伸缩振动和对称伸缩振动吸收峰随着热解温度升高强度逐渐降低，说明脂肪族碳结构逐渐受热分解，这与 5.2.2.1 所得结论相一致。位于 1705cm$^{-1}$ 处的 C=O 吸收峰逐渐变弱，到 600SL$^+$ 中逐渐消失，说明含氧官能团 COO— 含量逐渐减少，在 600℃ 下分解完全。1579cm$^{-1}$ 处的苯环 C=C 吸收峰变化幅度不大，说明芳香环结构不会随着预热解温度变化。而 1241cm$^{-1}$ 与 1025cm$^{-1}$ 处的 C—O 以及 1154cm$^{-1}$ 处的 C—O—C 逐渐变弱至消失，说明酚羟基以及醚键同样会随着热解温度增加而分解。

使用热重分析仪将四种煤样在 N$_2$ 气氛下进行了 TG 分析来验证含氧官能团的分解温度，得到的 TG/DTG 曲线如图 5-11 所示。由图可知，600SL$^+$ 的热稳定性明显高于 SL$^+$、200SL$^+$ 与 400SL$^+$，且这三种煤样的最大失重速率在 400～550℃ 之间，说明煤样 SL$^+$ 主要在此阶段发生热分解，大量的小分子物质与含氧官能团在这个阶段被分解挥发。

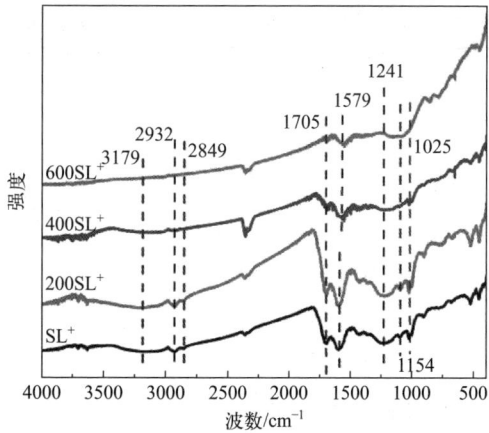

图 5-10　不同预热解温度 SL+ 的 FTIR 光谱图

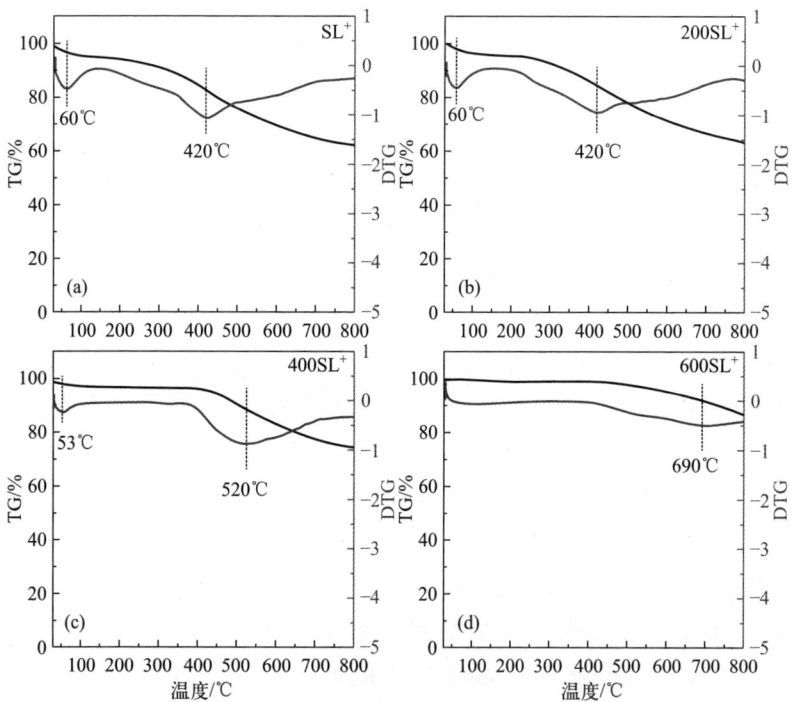

图 5-11　不同预热解温度 SL+ 的 TG/DTG 曲线

(a) SL+；(b) 200SL+；(c) 400SL+；(d) 600SL+

为了探究不同种类含氧官能团的变化，对四种煤样进行 XPS 表征，通过分析内部的键能变化得出相应的含氧官能团变化，结果如图 5-12 所示。由图可知，随着预热解温度增加，XPS 总谱中的 O 峰相比于 C 峰逐渐变弱，说明预热解会使含氧碳结构占比下降，与 FTIR 所得结果一致。

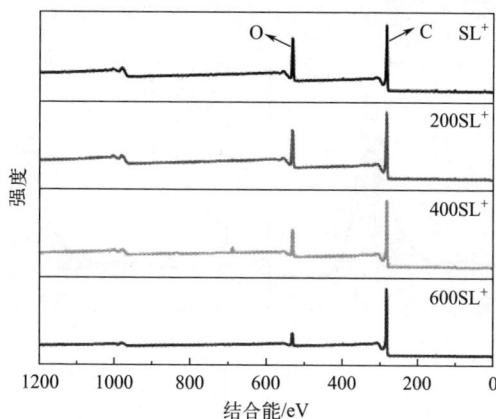

图 5-12　不同预热解温度 SL$^+$ 的 XPS 总谱图

将 XPS 谱图进行拟合，结果如图 5-13 所示，将拟合数据进行汇总得到表 5-5。由表可知，在 C 谱中煤样的存在结构主要以 C—C、C—H 为主，随着预热解温度的逐渐上升，C—O 键在 4 种煤样中占比为 14%～16%，C=O 与 COO—占比较低，且 C=O 随着预热解温度升高逐渐下降至消失，说明煤样中的含氧官能团主要以羟基与醚基的形式存在，羧基为次要存在形式。在 O 谱中，羰基在 400℃ 下分解完全，C—O 占比逐渐升高，400SL$^+$ 的 COO—占比最高，为 36.52%，随后在 600SL$^+$ 中下降至 17.77%，说明在预热解过程中羰基不稳定，易于分解，羟基与醚基是煤中含氧官能团的主要存在形式，会随着热解温度上升逐渐分解，但是在所有含氧官能团中占比将会提升，羧基在热解过程中同样会逐渐分解，但是在 400SL$^+$ 中占比达到最高。

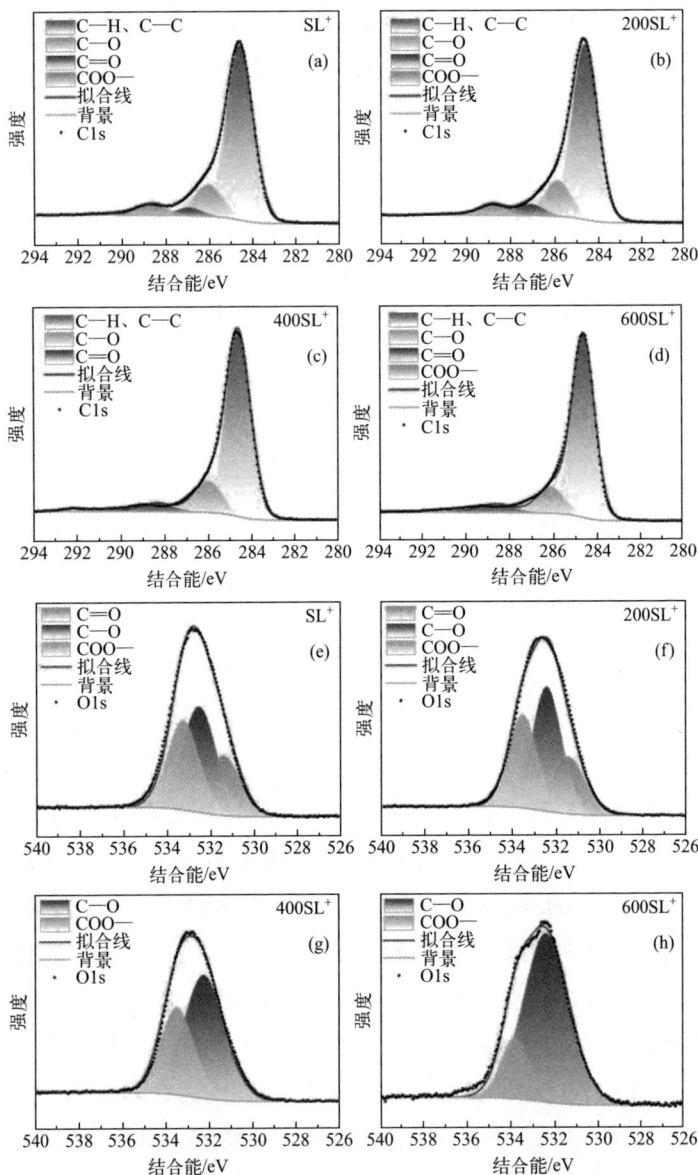

图 5-13　不同预热解温度 SL$^+$ 的 XPS 的 C1s 与 O1s 分峰拟合图（见彩插）

（a）～（d）SL$^+$、200SL$^+$、400SL$^+$、600SL$^+$ 的 C1s 拟合谱图；

（e）～（h）SL$^+$、200SL$^+$、400SL$^+$、600SL$^+$ 的 O1s 拟合谱图

表 5-5　不同预热解温度 SL⁺ XPS 的拟合结果

表 5-5　不同预热解温度 SL⁺ XPS 的拟合结果

| 煤样 | C 谱 | | | | | O 谱 | | | |
|---|---|---|---|---|---|---|---|---|---|
| | C—H、C—C | C—O | C=O | COO— | 总 | C=O | C—O | COO— | 总 |
| SL⁺ | 75.55 | 15.05 | 3.78 | 5.62 | 79.28 | 23.58 | 43.06 | 35.36 | 20.74 |
| 200SL⁺ | 73.62 | 15.84 | 4.94 | 5.6 | 80.97 | 25.16 | 44.69 | 32.15 | 19.04 |
| 400SL⁺ | 79.65 | 15.36 | 0 | 4.99 | 84.6 | 0 | 65.48 | 36.52 | 15.4 |
| 600SL⁺ | 80.16 | 14.1 | 0 | 5.74 | 91.25 | 0 | 82.23 | 17.77 | 8.76 |

## 5.2.3　不同预热解温度煤样 RICO 解聚性能与微观结构关系

为了探究煤样芳香度、石墨化程度以及含氧官能团与不同预热解温度 SL⁺ 解聚性能之间的关联，选取反应时间为 48h 的 SL⁺、200SL⁺、400SL⁺、600SL⁺ 的解聚性能数据进行探究。

### 5.2.3.1　芳香度对解聚效果的影响

将不同预热解温度 SL⁺ 的芳香度 $f_{ar}$ 与解聚率相关联得到图 5-14。由图 5-14（a）可得，随着 $f_{ar}$ 增加，SL⁺、200SL⁺、400SL⁺、600SL⁺ 的解聚率逐渐下降，其中 600SL⁺ 的 $f_{ar}$ 达到了 90.54%，解聚率却下降到了 5.3%。由此可得煤样芳香度提升可能会对 RICO 解聚有抑制作用。图 5-14（b）展示了 $f_{ar}$ 与苯羧酸产率的关系，对于 SL⁺、200SL⁺、400SL⁺，随着 $f_{ar}$ 逐渐上升，苯羧酸产率也在逐级上升，但是当 $f_{ar}$ 升高至 90% 以上之后 600SL⁺ 的酸产率变化与解聚率呈现相同的趋势，骤降至 2.95%。由图 5-14（c）可知，随着 $f_{ar}$ 增加煤样的选择性在 200SL⁺ 降至最低，在 600SL$^+$ 升至最高。综上所述，随着预热解温度上升，煤样的 $f_{ar}$ 增加，芳香度的增加会导致 RICO 解聚率下降，但是当 $f_{ar}$ 过高时可能会产生 BPA 与 MA 的反应前驱体，从而对 BPA 和 MA 产生选择性。

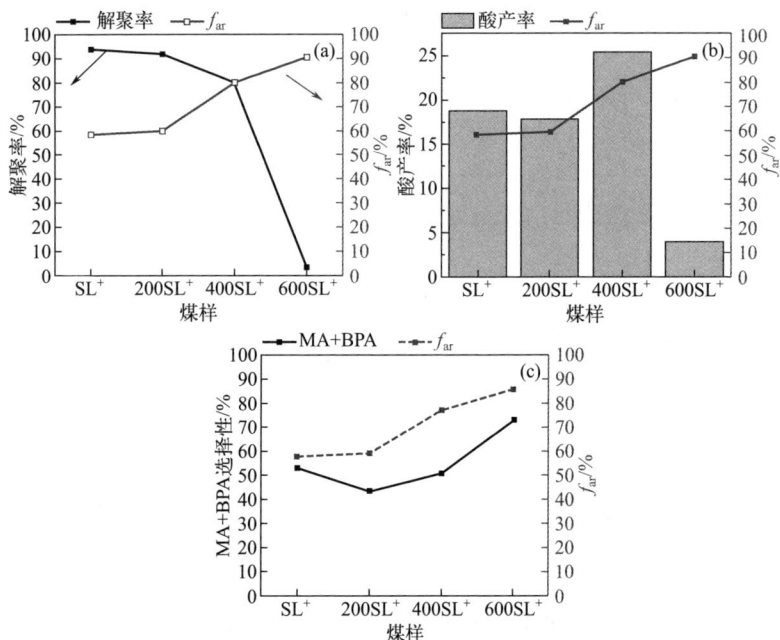

图 5-14　不同预热解温度 SL$^+$ 的芳香度与解聚率（a）、酸产率（b）和 BPA、MA 选择性（c）关联图

## 5.2.3.2　石墨化程度对解聚效果的影响

将 $I_{D_1}/I_G$ 值与煤样的解聚率与选择性相关联，探究石墨化程度对 SL$^+$ RICO 解聚程度的影响，结果如图 5-15 所示。由图 5-15（a）可知，随着 $I_{D_1}/I_G$ 值下降，解聚率也下降，说明石墨化程度升高会降低解聚率，可能与芳香度形成了协同作用，共同影响煤样 RICO 的解聚率。从图 5-15（b）来看，对于未热解

的 SL$^+$ 来说，石墨化程度较低，选择性可以达到 55.35%，随着预热解的开始，煤样的石墨化程度上升，BPA 与 MA 的选择性在 200SL$^+$ 处先下降，之后不断上升。综上所述，石墨化程度与芳香度可能产生协同作用，随着预热解温度上升石墨化程度提升，抑制了煤样的解聚，同时会对 RICO 中 BPA 与 MA 的选择性有促进作用。

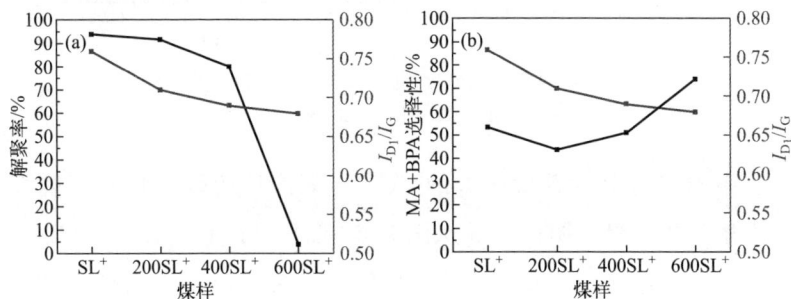

图 5-15　不同预热解温度 SL$^+$ 的石墨化程度与解聚率（a）、
BPA、MA 选择性（b）关联图

### 5.2.3.3　含氧量及含氧官能团对解聚效果的影响

结合 SL$^+$、200SL$^+$、400SL$^+$、600SL$^+$ 的工业分析数据，将含氧量与煤样 RICO 解聚性能进行关联，可以得到图 5-16。如图 5-16（a）所示，随着煤样含氧量下降，解聚率也下降，这个现象说明煤样的解聚率与含氧量有较强的关联性，预热解煤样中含氧量越少，煤样的 RICO 解聚率越低。从图 5-16（b）可知，SL$^+$、200SL$^+$ 的含氧量为 18.91% 与 19.95%，但是 RICO 的苯羧酸产率处于中等水平；到 400SL$^+$ 时煤样的含氧量为 11.42%，此时苯羧酸产率最高；对于 600SL$^+$，由于芳香度与石墨化程度较高，煤样的含氧量与酸产率均处于较低水平。由此可得煤样的含氧量、芳香度和石墨化程度会共同影响煤样 RICO 解聚率。

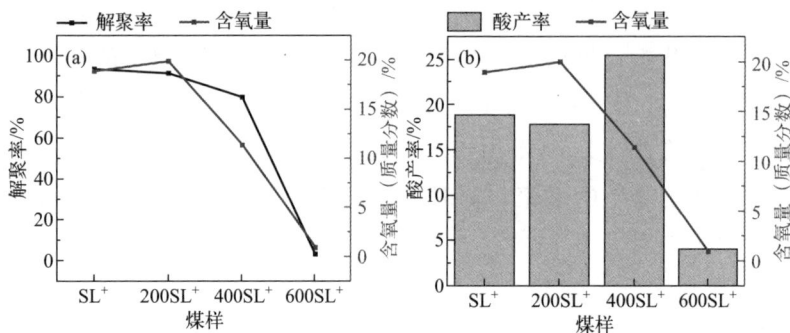

图 5-16　不同预热解温度 SL$^+$ 的含氧量与解聚率（a）、
酸产率（b）关联图

将 $^{13}$C NMR 表征中所得的 $f^O$（与氧连接的碳含量）与解聚性能相关联，得到图 5-17。从图 5-17（a）可以看出，随着 SL$^+$、200SL$^+$、400SL$^+$、600SL$^+$ $f^O$ 变化，苯羧酸产率变化趋势之相似，由此可得 $f^O$ 与苯羧酸产率具有较强的关联性。由图 5-17（b）可知，$f^O$ 与 BPA、MA 呈现负相关的趋势，即煤结构中含氧碳结构越少，BPA 与 MA 的选择性越好，究其原因可能是煤中具体某种含氧官能团的变化导致苯羧酸产率与选择性发生变化。

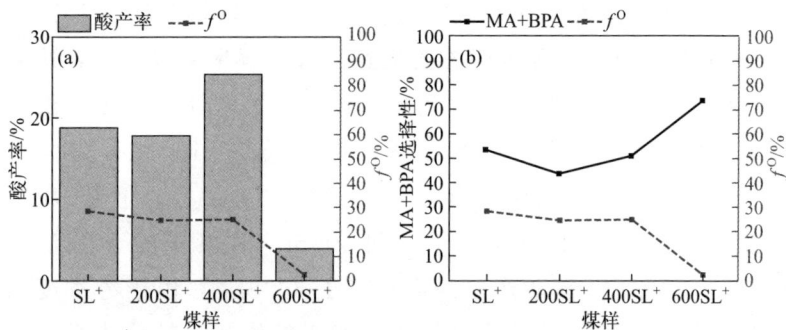

图 5-17　不同预热解温度 SL$^+$ 的含氧碳含量与酸产率（a）、
选择性（b）关联图

将 XPS 所得的拟合数据与煤样 RICO 苯羧酸产率与选择性进行关联，得到图 5-18。如图 5-18（a）所示，C═O 在预热解温度达到 400℃时分解完全，C—O 占比不断上升，而 COO— 的变化趋势则与苯羧酸产率变化相似。根据图 5-18（b）的结果，C—O 的变化趋势与 BPA、MA 选择性变化趋势相似。综上所述，在众多含氧官能团中，羰基对于苯羧酸产率的影响不大，羧基与苯羧酸产率关联性较大，羟基与醚等则对苯羧酸选择性的关联性较大。

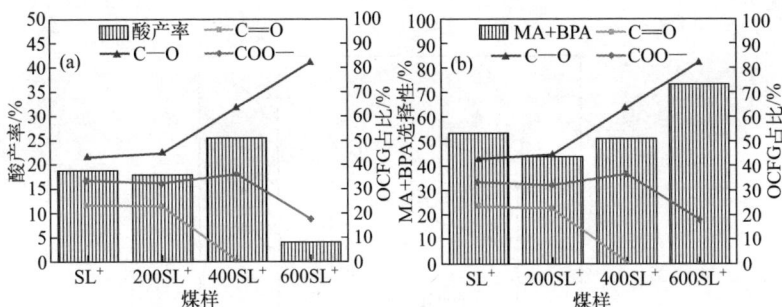

图 5-18 不同预热解温度 SL$^+$ 的含氧官能团（OCFG）占比与酸产率（a）、选择性（b）关联图

## 5.2.4 氧化处理对高温热解煤焦解聚性能的影响

结合 5.2.3 所述，芳香度与含氧官能团对预热解煤焦的解聚率、苯羧酸产率以及 BPA 与 MA 选择性有重要影响，而石墨化程度更多的是作为次要影响因素起到协同作用。为了探究在高芳香度与高石墨化程度下含氧官能团会对 SL$^+$ 的 RICO 解聚性能产生什么影响，本节使用 Hummers 法化学氧化对 600SL$^+$ 进行氧化处理得到 600SL$^+$-O，之后通过 RICO 反应来进行研究。

### 5.2.4.1 含氧官能团变化

首先对 $600SL^+$ 与 $600SL^+$-O 进行了红外分析探究其内部含氧官能团的变化，结果如图 5-19 所示。由图可知，在经过氧化处理之后 $600SL^+$-O 中已经有明显的含氧官能团吸收峰的振动。$600SL^+$-O 相较于 $600SL^+$ 在 $3422cm^{-1}$ 处的—OH 吸收峰、$1698cm^{-1}$ 处的 C —O 吸收峰、$1227cm^{-1}$ 处的 C—O 吸收峰强度增强，说明在经过氧化处理之后，$600SL^+$ 的含氧官能团有明显恢复。

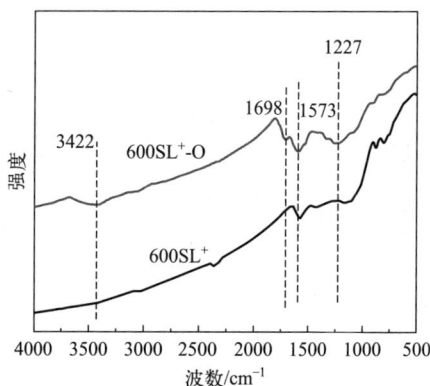

图 5-19　$600SL^+$ 与 $600SL^+$-O 的 FTIR 光谱图

### 5.2.4.2 石墨化程度变化

将 $600SL^+$ 与 $600SL^+$-O 进行 Raman 光谱分析并拟合处理，通过比较 $I_{D_1}/I_G$ 值来判断 $600SL^+$ 在氧化处理之后的石墨化程度变化，结果如图 5-20 所示，将 Raman 拟合数据汇总得到表 5-6。从表中数据可知，$600SL^+$ 的 $I_{D_1}/I_G$ 值为 0.85，$600SL^+$-O 的 $I_{D_1}/I_G$ 值为 0.87，经过氧化预处理之后煤样的石墨化程度下降，但是两者总体变化不大，石墨化程度属于相似水平。

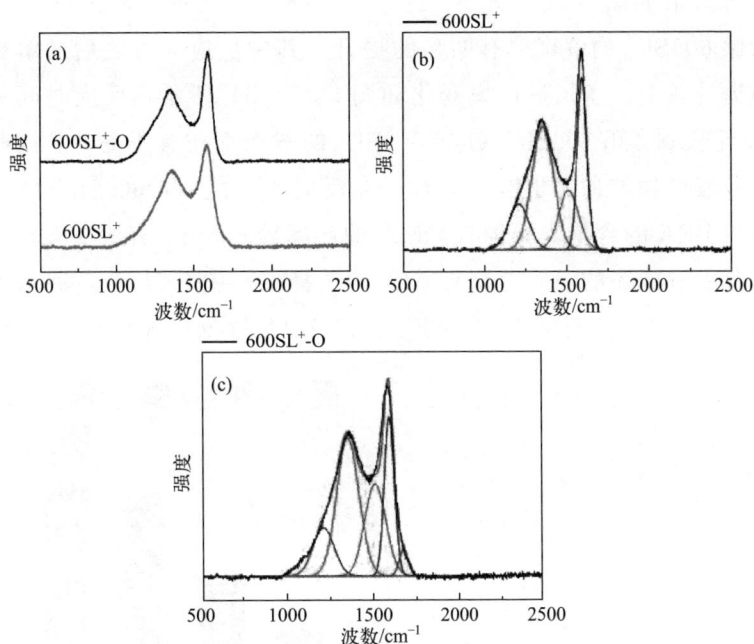

图 5-20　600SL$^+$ 与 600SL$^+$-O 的 Raman 光谱图以及拟合处理后的波谱图
(a) 总谱图；(b) 600SL$^+$；(c) 600SL$^+$-O

**表 5-6　600SL$^+$ 与 600SL$^+$-O 的 Raman 光谱数据**

| 样品 | 600SL$^+$ | 600SL$^+$-O |
|---|---|---|
| D 峰位置/cm$^{-1}$ | 1354 | 1354 |
| $I_{D_1}$ | 14007 | 6116 |
| G 峰位置/cm$^{-1}$ | 1597 | 1597 |
| $I_G$ | 16445 | 7032 |
| $I_{D_1}/I_G$ | 0.85 | 0.87 |

## 5.2.4.3　解聚性能变化

通过对 600SL$^+$-O 进行 RICO，之后分别反应 6h 与 48h，得

到的结果如图 5-21 所示。从图 5-21（a）可以看出，600SL$^+$-O 相比 600SL$^+$ 的解聚率有明显的提升，其中反应 48h 之后的解聚率提升较大。苯羧酸产率变化如图 5-21（b）所示，反应时间从 6h 延长到 48h 600SL$^+$-O 与 600SL$^+$ 的酸产率均有所提升，同时苯羧酸产物的种类也有所增加；在反应 48h 之后，600SL$^+$-O 产物中 BPA 的含量大幅增长，MA 的产率较 600SL$^+$ 有所下降，说明含氧官能团的引入会降低 MA 的选择性。图 5-21（c）展示了 600SL$^+$-O 反应时间由 6h 延长到 48h BPA 与 MA 选择性的变化，

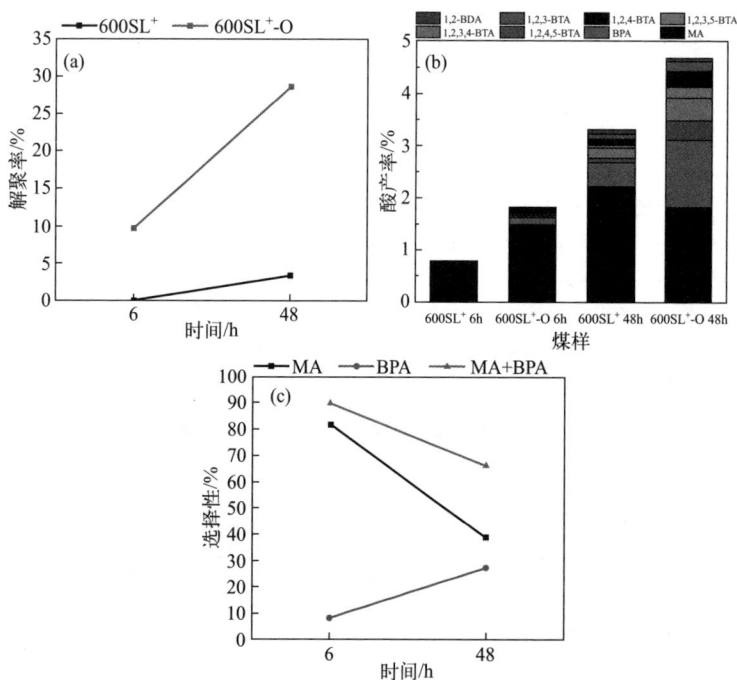

图 5-21　600SL$^+$ 与 600SL$^+$-O RICO 解聚性能比较（见彩插）

（a）解聚率；（b）苯羧酸产率；（c）BPA 与 MA 选择性

[反应条件：煤样 0.4g，CCl$_4$ 20mL，CH$_3$CN 20mL，H$_2$O 30mL，RuCl$_3$/煤样质量比 1/10，NaIO$_4$/煤样质量比 20/1，35℃，反应时间 6h、48h；RICO 解聚上清液 10mL，丁酮 10mL，每次萃取 1h，共萃取三次。解聚固体残渣冲洗至无色，105℃鼓风干燥箱干燥 12h]

　褐煤氧化解聚及解聚产物利用

可以看到随着反应时间的增加 BPA 的占比提升，MA 的占比下降，总的选择性有所下降，说明延长反应时间可以保证苯羧酸产率提升，但是由于其他苯羧酸产率提升会导致 MA 选择性下降。

## 5.3  小结

本章使用 SL$^+$ 进行热解预处理对 RICO 解聚性能影响的研究，探究了预热解温度、反应时间对 SL$^+$ RICO 的影响。之后对四种热解预处理后的煤样进行固体结构表征，探究了内部结构变化对 RICO 苯羧酸产率以及选择性的影响。本章主要结论如下：

① 在相同预热解温度下，随着反应时间逐渐增加，煤样解聚率与苯羧酸产率逐渐上升，BPA 与 MA 的选择性逐渐下降。控制反应时间为 48h，随着预热解温度的升高，煤样的解聚率快速下降，苯羧酸产率在 400 SL$^+$ 处达到最高，MA 选择性在 600 SL$^+$ 处最好。延长 600 SL$^+$ 的 RICO 反应时间，BPA 与 MA 的产率从 6h 的 0.66% 升到 168h 的 4.17%，但是苯羧酸种类也会增加。

② 随着预热解温度上升，SL$^+$ 的芳香度增加，石墨化程度增加，含氧官能团总数下降。芳香度与石墨化程度增加、含氧量变低会导致煤样的解聚率下降；SL$^+$ 的 RICO 苯羧酸产率受到芳香度与含氧官能团中羧基占比的共同影响，在 400 SL$^+$ 芳香度与含氧官能团达到平衡时苯羧酸产率最高，当芳香度达到 90.54% 时苯羧酸产率骤降；BPA 与 MA 选择性的影响因素主要是芳香度，此外含氧官能团中羟基与醚基增加也会增加上述两种酸的选择性。

③ 对 600SL$^+$ 进行氧化处理得到 600SL$^+$-O 后进行 RICO 反应，两种煤样的 $I_{D_1}/I_G$ 值分别为 0.85 和 0.87，石墨化程度相近。氧化处理之后煤样的解聚率与苯羧酸产率均有较大提升，同时 BPA 与 MA 的产率增加，苯羧酸种类也有所增加，选择性下降。

# 第6章

# 煤阶对煤 RICO
# 解聚的影响

前几章对褐煤的钌离子催化氧化解聚及解聚产物应用作了阐述，为进一步揭示煤阶对不同煤种解聚的影响，拓展解聚这一非能源转化方式在更多煤种中的应用，本章对烟煤、无烟煤等不同煤阶的煤样进行 RICO，探究解聚效果以及苯羧酸产率有何变化。首先探讨煤阶对解聚效果的影响，其中包括了解聚率以及苯羧酸产率，以往的研究都没有在苯羧酸产率中加入对苯五酸以及苯六酸产率的探讨，本章详细探讨了煤阶对苯羧酸产率的影响，使用丁酮萃取法提取苯五酸与苯六酸，探讨其产率和选择性。之后对煤内部结构进行表征，通过对表征数据的整合推测不同煤样的芳香度、石墨化程度以及含氧官能团种类与含量，将这些结构参数与煤炭解聚性能相联系，探究煤阶对解聚效果的具体影响。

# 6.1 本章的研究方法

## 6.1.1 本章所用试剂及仪器

本章实验使用的化学试剂、实验仪器见 5.1.1。

## 6.1.2 不同阶煤的样品制备

本章选取了 5 种不同煤化程度的煤样，分别是胜利褐煤（SL）、神华烟煤（SH）、文远烟煤（WY）、天誉烟煤（TY）、太西无烟煤（TX），各煤样颗粒制备方法详见 2.1.2（1）所述。

上述五种煤样的工业分析和元素分析具体如表 6-1 所示。

表 6-1 煤样的工业分析和元素分析

| 样品 | 工业分析（质量分数）/% | | | | 元素分析（d 质量分数）/% | | | | |
|---|---|---|---|---|---|---|---|---|---|
| | $M_{ad}$ | $A_d$ | $V_d$ | $FC_d$ | C | H | N | S | $O^*$ |
| SL | 1.52 | 13.92 | 33.37 | 52.71 | 57.59 | 3.58 | 0.89 | 1.81 | 22.21 |
| SH | 6.98 | 17.09 | 25.48 | 50.44 | 62.99 | 4.00 | 3.11 | 0.86 | 11.96 |
| WY | 6.45 | 3.84 | 30.36 | 65.80 | 74.77 | 4.42 | 3.35 | 0.30 | 13.32 |
| TY | 0.78 | 9.87 | 23.99 | 65.36 | 76.92 | 4.45 | 3.49 | 1.79 | 3.48 |
| TX | 2.34 | 5.90 | 5.36 | 88.74 | 88.04 | 2.29 | 3.22 | 0.36 | 0.19 |

注：M，水分；A，灰分；V，挥发分；FC，固定碳；ad，空气干燥基；d，干基；*，通过差值计算。

## 6.1.3 不同煤阶煤样 RICO 解聚

钌离子催化氧化（RICO）过程见 5.1.3。

## 6.1.4 煤样解聚产物分析

解聚产物分析详见 5.1.4。

## 6.1.5 煤样结构表征方法

煤样结构表征方法同 5.1.5 所述。

# 6.2 煤阶对煤的 RICO 影响

## 6.2.1 不同煤阶煤样 RICO 解聚性能分析

结合 5 种煤样的元素分析可得，SL、SH、WY、TY、TX

的含碳量依次增高，这一结果表明本实验所选取的五种煤样煤化程度递增，煤阶从小到大排列依次为 SL＜SH＜WY＜TY＜TX。

### 6.2.1.1 煤阶对 RICO 解聚效果的影响

通过对不同煤阶的煤炭进行 RICO 氧化解聚以研究煤阶对煤炭解聚性能的影响，分别比较了 5 种煤样的解聚率以及酸产率，结果如图 6-1 所示。结合图 6-1（a），在煤阶为褐煤以及烟煤阶段时 RICO 解聚均很完全，解聚率最低为 SH 的 80.0%，最高为 WY 的 90.0%，除了 TX 无烟煤其余所有的煤样解聚率都在 80%～90%之间；TX 的解聚率为 16.9%，解聚率较低，解聚不够完全。从图 6-1（b）可以看出，在 6h 反应时间下，随着煤阶的逐渐升高，苯羧酸的总产率呈先升后降的趋势，在氧化 TY 时苯羧酸产率为 13.9%，达到最大值；在煤阶达到无烟煤阶段时，苯羧酸产率迅速下降到 2.5%。从产物组成来看，SL、SH、WY、TY、TX 的主要产物均为 BPA 以及 MA。根据以上结果可以得出，随着煤阶升高，苯羧酸产率也升高，但是当煤阶到达无烟煤阶段时，RICO 苯羧酸产率会骤减；另外，RICO 对 BPA 以及 MA 具有良好的选择性。根据以上结果可以得出，RICO 在褐煤和烟煤阶段可以较为完全地将煤样分解，但是在无烟煤阶段解聚效果不够好。

将苯羧酸产物中的 BPA 以及 MA 单独摘出，可以得到 SL、SH、WY、TY、TX 中 BPA 与 MA 占总酸产率的比率，如图 6-2 所示，该图可以呈现出 BPA 与 MA 的选择性。由图可知，BPA 的占比随着煤阶的增加逐渐降低，但是 MA 的占比却呈现先降后升的姿态。对于 BPA 与 MA 的占比之和，在褐煤和烟煤阶段，在 SL 煤样中达到最高值，为 54.0%；而对于所有煤样，在 TX 煤样中达到了最高值，为 86.5%。WY 与 TY 的总酸产率最高，但是 BPA 与 MA 占总酸产率的占比却最低。

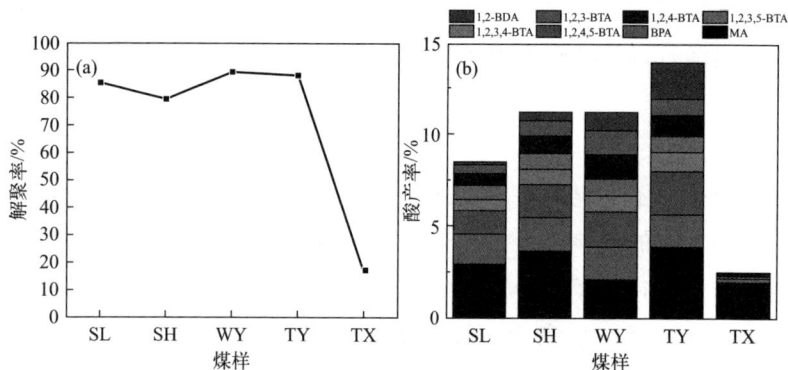

图 6-1 SL、SH、WY、TY、TX 的 RICO 对比（见彩插）

（a）解聚率；（b）酸产率

（反应条件：煤样 0.4g，$CCl_4$ 20mL，$CH_3CN$ 20mL，$H_2O$ 30mL，$RuCl_3$/煤样质量比 1/10，$NaIO_4$/煤样质量比 20/1，35℃，6h；RICO 解聚上清液 10mL，丁酮 10mL，每次萃取 1h，共萃取三次。解聚固体残渣冲洗至无色，105℃鼓风干燥箱干燥 12h）

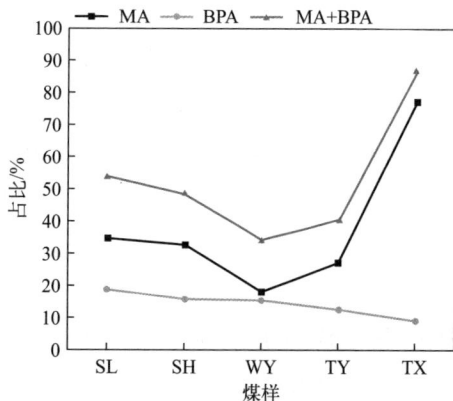

图 6-2 MA、BPA 占总酸产率的比重

综上所述，随着煤阶的升高苯羧酸产率与解聚率会随之变化。在褐煤以及烟煤阶段，苯羧酸产率会随着煤阶的升高而升高，但是 BPA 与 MA 的选择性会随之下降；解聚率均较为完全，达到了 80%～90%。当煤阶到达无烟煤阶段时，苯羧酸产

褐煤氧化解聚及解聚产物利用

率与煤样解聚率均骤降，但是 BPA 与 MA 的选择性会有所提升。这可能是因为随着煤阶增加，煤炭结构逐渐变得致密，结构越来越趋于稳定，变得越来越不易被氧化。这也就导致处于褐煤与烟煤阶段时，煤样结构容易被 RICO 解聚，但是处于无烟煤阶段时 RICO 的解聚效果减弱。但是同样由于煤阶升高，煤中的母体结构数量增加，使得 BPA 与 MA 的产率增加或者选择性变好。

### 6.2.1.2　延长反应时间对 BPA、 MA 产率与选择性的影响

根据上述实验可以了解到 RICO 对 TX 的酸产率与解聚率不高，但是对 BPA、MA 的选择性较高，因此考虑延长反应时间探究能否在保持苯羧酸选择性的情况下提升 BPA 与 MA 的产率。TX 延长反应时间的解聚结果如图 6-3 所示，图（a）与图（b）展示了 TX 分别在反应了 6h 与 48h 后的解聚率以及苯羧酸产率，解聚率从 16.9％提升至 25.2％，苯羧酸产率从 6h 的 2.5％增加到了 48h 的 8.9％，增加了 2 倍以上；其中 BPA 与 MA 的产率同样有所增加，BPA 的增加幅度最大。从图（c）可以看出，虽然苯羧酸总产率上升，BPA 选择性有所增加，但是 MA 的选择性却有所下降，总的 BPA＋MA 的选择性呈下降趋势。根据以上结果，延长 TX 反应时间可以提升所有 BCAs 的产率，但是随着解聚越来越完全，BPA＋MA 的占比下降，选择性有所降低。

### 6.2.1.3　热解预处理对煤样解聚性能的影响

通过文献调研发现预热解可以提升苯羧酸的选择性，下面将热解预处理应用到不同煤阶 RICO 反应中，探究其对解聚性能的影响。首先将煤样经过 400℃预热解，2h 后冷却至室温，然后进行 RICO 反应，实验结果如图 6-4 所示。从图（a）可以看出，除 TX 煤外，其他四种煤样的解聚率均有所减小，这与高温热解使

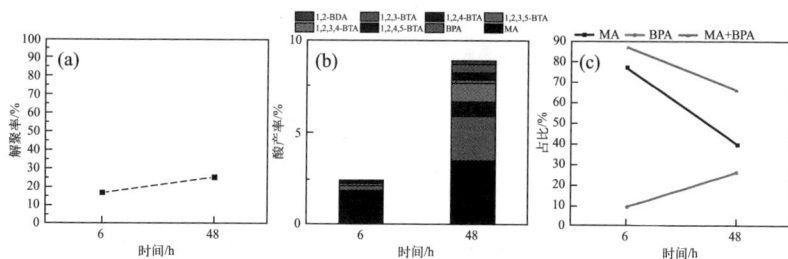

图 6-3　TX 反应 6h 与 48h 对比（见彩插）

（a）解聚率；（b）酸产率；（c）MA、BPA 占总酸产率的比重

（反应条件：煤样 0.4g，$CCl_4$ 20mL，$CH_3CN$ 20mL，$H_2O$ 30mL，$RuCl_3$/煤样质量比 1/10，$NaIO_4$/煤样质量比 20/1，35℃，6h 与 48h；RICO 解聚上清液 10mL，丁酮 10mL，每次萃取 1h，共萃取三次。解聚固体残渣冲洗至无色，105℃鼓风干燥箱干燥 12h）

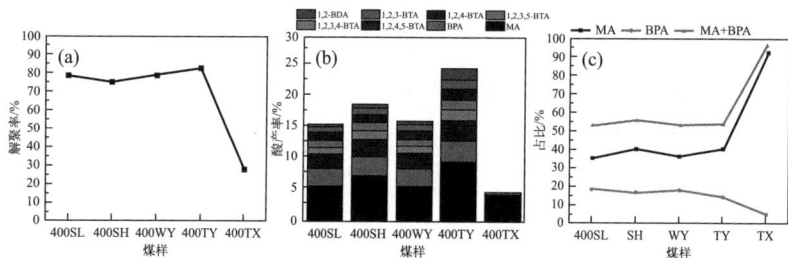

图 6-4　400℃预热解后煤样对比（见彩插）

（a）解聚率；（b）酸产率；（c）MA、BPA 占总酸产率的比重

［反应条件：煤样（400℃，2h）0.4g，$CCl_4$ 20mL，$CH_3CN$ 20mL，$H_2O$ 30mL，$RuCl_3$/煤样质量比 1/10，$NaIO_4$/煤样质量比 20/1，35℃，6h；RICO 解聚上清液 10mL，丁酮 10mL，每次萃取 1h，共萃取三次。解聚固体残渣冲洗至无色，105℃鼓风干燥箱干燥 12h］

煤结构凝聚难以解聚有关。从图（b）可以看到，相较于未热解煤样，SL、SH、WY、TY、TX 的苯羧酸总产率依次提升了 80.7%、68.7%、44.4%、79.2%、96.7%，提升幅度较大；BPA 与 MA 产率同样提升较为明显。由图（c）可知，五种煤样的 BPA+MA 选择性有所提升，其中 TX 的 MA 选择性达到了 91.7%。结合以上结果可得，预热解可以有效提升不同煤阶煤样的苯羧酸产率以及选择性，这可能是由于预热解在一定程度上使

煤内部结构变得更加紧密，大型芳核结构支链在热解过程中被分解，伴随着煤阶的增加而变得更加有利于 BCAs 产生。

## 6.2.2 不同煤阶煤样微观结构分析

通过对煤阶影响的初步探讨，发现煤阶确实可以对 RICO 的解聚性能造成影响，但是煤阶的影响过于宽泛，具体的原因还有待研究。在下面的研究中将对不同煤阶煤样进行结构表征，利用物理表征手段得到煤样的芳香度、石墨化程度以及含氧官能团等结构参数，分析随着煤阶的演变这些结构参数的变化。

### 6.2.2.1 芳香度结构分析

固体核磁经常被用来表征煤炭内部结构，通过分析可以得到不同碳结构的含量信息，可将芳香碳结构的数量视为煤种的芳香度。为了得到不同煤阶煤炭芳香度的结构特征，本章分别对 SL、SH、WY、TY、TX 进行了[13]C NMR 分析，得到的谱图如图 6-5

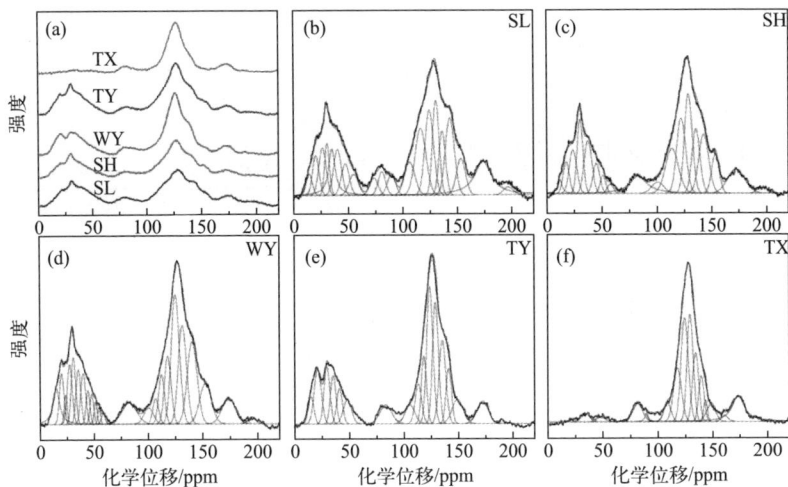

图 6-5　煤样的[13]C NMR 谱图以及分峰处理后的波谱图
（a）总谱图；（b）SL；（c）SH；（d）WY；（e）TY；（f）TX

所示。从图（a）可以看到，在煤阶逐渐升高的过程中，脂肪族碳结构（0～70ppm）的化学位移值强度相比于芳香族碳结构（100～150ppm）强度逐渐降低。当煤阶达到无烟煤阶段时，TX中几乎全部是芳香碳结构，说明芳香碳结构是高阶煤的主要大分子结构。为了更精确地得到煤炭的内部结构特征，本章对 $^{13}C$ NMR 分析谱图进行了分峰拟合处理。

对上述结构谱图分峰拟合可以得到碳结构类型以及化学位移值等结构参数，其结果如表 6-2 所示。

表 6-2    $^{13}C$ NMR 谱图中各种碳结构的类型与化学位移值

| 类型 | 代号 | 位置 | 化学位移/ppm |
|---|---|---|---|
| 脂肪族 $CH_3$ | $f_{al}^M$ | —$CH_3$ | 12～14 |
| 甲基连接的脂肪族 $CH_2$ | $f_{al}^B$ | $H_3C$ $CH_2$ | 17～20 |
| 芳香族 $CH_3$ | $f_{al}^A$ | $CH_3$ | 22～30 |
| 连接至芳环的 $\alpha$ 或 $\beta$ 亚甲基和亚甲基 | $f_{al}^H$ | $CH_2$ $CH_2$    $CH_2$ | 30～38 |
| 脂肪链中的支化碳 | $f_{al}^D$ | $CH$    $C$ | 41～43 |
| 含氧脂肪族碳 | $f_{al}^O$ | $CH_2$ $O$ | 51～86 |
| 芳香族质子化碳 | $f_{ar}^H$ | $CH$ | 105～120 |
| 芳香族桥头碳 | $f_{ar}^B$ | $C$ | 122～124 |
| 烷基取代碳 | $f_{ar}^C$ | $C$ | 125～140 |
| 氧连接芳香碳 | $f_{ar}^O$ | $O$ | 140～155 |

| 类型 | 代号 | 位置 | 化学位移/ppm |
|---|---|---|---|
| 羧基碳 | $f_a^C$ | O‖C—OH(R) | 160~180 |
| 羰基碳 | $f_a^O$ | O‖C | 200~220 |

通过对上述表中的结构参数进行计算，到得了不同碳结构的含量，如表 6-3 所示，将 $f_{ar}$ 参数视为芳香度。从表中可以看出，随着煤化程度的增加，煤炭结构中的连接至芳环的 $\alpha$ 或 $\beta$ 亚甲基和亚甲基（$f_{al}^H$）呈现明显的下降趋势，脂肪族碳结构（$f_{al}$）逐渐降低，在煤阶达到无烟煤阶段时降到了最低（7.02%），这说明随着煤阶升高煤中的支链结构越来越少，在高阶煤阶段脂肪族碳结构不再占据主要地位；含氧碳结构（$f^O$）含量逐渐下降，SL 拥有最多的含氧碳结构，TX 的含氧碳结构最少，这与工业分析结果一致。在褐煤与烟煤阶段时，脂肪含氧碳结构（$f_{al}^O$）含量变化不大，到 TX 时消失；芳香含氧碳（$f_{ar}^O$）以及羧基碳（$f_a^C$）到 TX 时达到最低；羰基碳（$f_a^O$）逐渐减少，到 TX 时消失，由此可得煤阶的升高会使煤结构中的含氧量降低。芳香族桥头碳（$f_{ar}^B$）与烷基取代碳（$f_{ar}^C$）逐渐增加，芳香族碳结构（$f_{ar}$）同样呈现比较明显的上升趋势，从 SL 的 51.72% 一直增加到了 TX 的 90.79%，说明煤阶越高，芳香度越高，内部结构缩合度越高，煤结构越紧密，可能是 2.2.2 中所述当煤阶达到了无烟煤阶段时 RICO 反应性骤降的原因。

表 6-3　不同煤阶煤炭的结构参数

| 代号 | SL | SH | WY | TY | TX |
|---|---|---|---|---|---|
| $f_{al}^M$ | 1.74 | 1.35 | 4.86 | 2.78 | 0.00 |
| $f_{al}^B$ | 3.41 | 3.17 | 3.29 | 7.06 | 0.00 |

| 代号 | SL | SH | WY | TY | TX |
|------|------|------|------|------|------|
| $f_{al}^A$ | 4.61 | 5.32 | 5.55 | 6.09 | 2.31 |
| $f_{al}^H$ | 14.14 | 13.34 | 11.59 | 4.76 | 1.35 |
| $f_{al}^D$ | 5.94 | 5.73 | 5.62 | 7.36 | 3.37 |
| $f_{al}^O$ | 5.81 | 6.87 | 4.47 | 4.05 | 0.00 |
| $f_{ar}^H$ | 14.23 | 11.42 | 14.75 | 14.23 | 18.34 |
| $f_{ar}^B$ | 9.82 | 10.84 | 15.05 | 15.53 | 24.63 |
| $f_{ar}^C$ | 13.93 | 20.48 | 22.83 | 28.66 | 43.65 |
| $f_{ar}^O$ | 13.73 | 14.17 | 6.62 | 4.78 | 4.17 |
| $f_a^C$ | 11.60 | 6.41 | 4.69 | 4.63 | 2.19 |
| $f_a^O$ | 1.04 | 0.90 | 0.67 | 0.22 | 0.00 |
| $f_{al}$ | 35.64 | 35.78 | 35.38 | 32.11 | 7.02 |
| $f_{ar}$ | 51.72 | 56.91 | 59.25 | 63.20 | 90.79 |
| $f^O$ | 32.18 | 28.35 | 16.45 | 13.69 | 6.37 |

注：$f_{al}=f_{al}^M+f_{al}^B+f_{al}^A+f_{al}^H+f_{al}^D+f_{al}^O$，$f_{ar}=f_{ar}^H+f_{ar}^B+f_{ar}^C+f_{ar}^O$，$f^O=f_{al}^O+f_{ar}^O+f_a^C+f_a^O$。

### 6.2.2.2 石墨化程度结构分析

Raman 光谱可以对煤样结构中的有序度进行表征，煤样有序度可以反映煤样的石墨化程度，所以通过对 Raman 谱图的分析可以得到煤样石墨化程度的参数，该方法常被用来研究煤样或者半焦的结构。如图 6-6 所示，Raman 光谱可以通过拟合分为 $D_1$、$D_2$、$D_3$、$D_4$ 以及 G 峰，位于 $1350cm^{-1}$ 左右的是 $D_1$ 峰，通常由于石墨晶格缺陷产生；位于 $1655cm^{-1}$ 左右的是 $D_2$ 峰，代表着晶体表面的石墨层结构；位于 $1514cm^{-1}$ 左右的是 $D_3$ 峰，一般代表 3~5 个 C 原子的小芳香环结构，同时还与无定形碳结构、非晶形碳结构有关；位于 $1210cm^{-1}$ 左右的是 $D_4$ 峰，主要代表着与芳香环相连接的脂肪族结构以及芳核取代基等无定形碳结构；位于 1590cm$^{-1}$ 左右的是 G 峰，主要代表规则的石墨碳结构。$D_1$ 被研究者认为是碳材料中不少于 6 个芳环间的 C—C 连接，由于丰富的化学键叠加故而较宽，而 G 峰通常归属于芳环间的 C═C 呼吸振动，通过对 $D_1$ 与 G 峰处的峰强度比进行计算，得到的 $I_{D_1}/I_G$ 值表示样品偏离石墨结构缺陷的程度，因此可以用来判断煤样的石墨化程度，$I_{D_1}/I_G$ 值越低，石墨化程度越高。

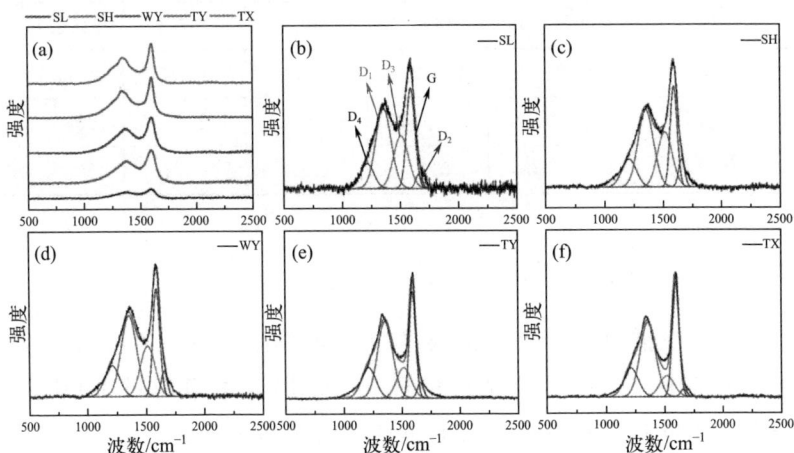

图 6-6　煤样的 Raman 谱图以及拟合处理后的波谱图（见彩插）
(a) 总谱图；(b) SL；(c) SH；(d) WY；(e) TY；(f) TX

如图 6-6（a）所示，所有煤样的 D 带峰强度均低于 G 峰，随着煤阶的增加，G 峰峰形越来越尖锐，半峰宽逐渐变窄，说明煤阶越高煤内部规则的石墨碳结构相较于缺陷结构变得越来越多。

将图 6-6（a）的 Raman 光谱进行拟合得到图 6-6（b）～(f)，将数据整合为表 6-4。通过对表格中的数据进行分析发现，随着煤阶升高，$I_{D_1}/I_G$ 值不断减小，在褐煤以及烟煤阶段 $I_{D_1}/I_G$ 值维持在 0.7 以上，无序度保持在较高水平且石墨化程度较低，当到达无烟煤阶段时 $I_{D_1}/I_G$ 值降至 0.65，无序度降低，煤结构分子趋于规则的石墨化结构。由此可得随着煤阶的升高，石墨化程度也会相应升高，煤中的无序结构会变得越来越规则。此外，石墨化程度可能同样会对煤炭的 RICO 解聚性能造成影响。

表 6-4　不同煤阶煤炭的 Raman 光谱数据

| 样品 | SL | SH | WY | TY | TX |
|---|---|---|---|---|---|
| $D_1$ 峰位置/$cm^{-1}$ | 1355.22 | 1349.04 | 1351.42 | 1356.44 | 1357.65 |
| $I_{D_1}$ | 1777.05 | 6144.77 | 6442.45 | 7307.42 | 7108.77 |
| G 峰位置/$cm^{-1}$ | 1591.23 | 1591.03 | 1592.00 | 1589.30 | 1589.79 |
| $I_G$ | 2219.89 | 8036.40 | 8680.81 | 10232.15 | 10983.73 |
| $I_{D_1}/I_G$ | 0.80 | 0.76 | 0.74 | 0.71 | 0.65 |

## 6.2.2.3　含氧官能团结构分析

红外光谱通常用来表征煤样中的含氧官能团，利用 XPS 对煤样内部 C、O 的键合结构进行分析，因此本章通过 FTIR 与 XPS 对不同煤阶煤样的含氧官能团进行分析表征。图 6-7 为不同煤阶煤样的 FTIR 光谱图。由图 6-7 可知，SL、SH、WY、TY、TX 在以下范围内有着伸缩振动：3426$cm^{-1}$ 处属于羟基吸收峰，可以看到随着煤阶的增加羟基吸收峰强度逐渐减小，说明煤中的羟基含量会随着煤阶的增加而受到抑制，含量逐渐变低；2916$cm^{-1}$ 与 2833$cm^{-1}$ 处的峰则归属于环烷烃或者脂肪族 C—H 的，C—H 的不对称或者对称伸缩振动吸收，在煤阶达到无烟煤时该处的峰基本消失，说明 TX 的脂肪族碳结构含量极低，这与上述固体核磁的结果相一致；1690$cm^{-1}$ 处的峰归属于 C═O 伸缩振动峰，此处的 C═O 一般认为是—COOH 引起的，在褐煤以及烟煤阶段均存在着较强的振动，在 TX 煤中峰强较低；不同煤阶的煤样在 1592$cm^{-1}$ 处均有归属于苯环骨架 C═C 的伸缩振动峰；

$1267 \text{cm}^{-1}$ 与 $1025 \text{cm}^{-1}$ 处的峰归属于酚羟基与碳氧连接键的 C—O 伸缩振动，它们与 $1154 \text{cm}^{-1}$ 处归属于醚键的峰共同随着煤阶的升高在 TY 处达到最高，紧接着在 TX 处逐渐消失。综上所述，随着煤阶的升高，脂肪族碳结构在煤结构中的比例逐渐降低，这与固体核磁得出的结论相一致；含氧官能团在褐煤以及烟煤阶段含量较多，其中 TY 的含氧官能团有着最强的伸缩振动，但是 TX 的含氧官能团伸缩振动强度最低。下面将用 XPS 探究含氧官能团的具体变化。

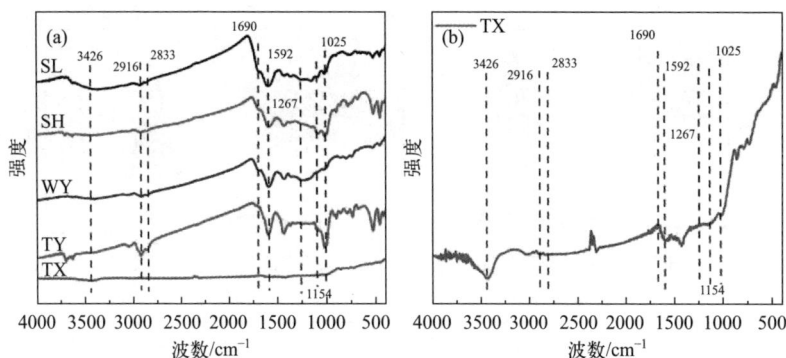

图 6-7　煤样的 FTIR 光谱图

图 6-8 为不同煤阶煤样的 XPS 总谱。从图中可以看到位于 284eV 与 532eV 处的两个峰分别归属于 C1s 与 O1s，这两个峰为主要的特征峰，证明 C 与 O 是煤中的主要元素。此外，随着煤阶的升高，SL、SH、WY、TY、TX 的 C1s 峰强度维持在相近的水平，而 O1s 的峰强度却在不断下降，这与元素分析所得结果相一致。

经过对 5 个煤种的 C 谱与 O 谱进行分峰拟合处理，可以得到煤结构中含氧官能团随着煤阶的具体变化，拟合结果如图 6-9 所示。由图可得 C 谱可以被分为四种形态，分别是 C—H、C—C 键，结合能位于（284.6±0.2）eV；C—O 键，结合能位于

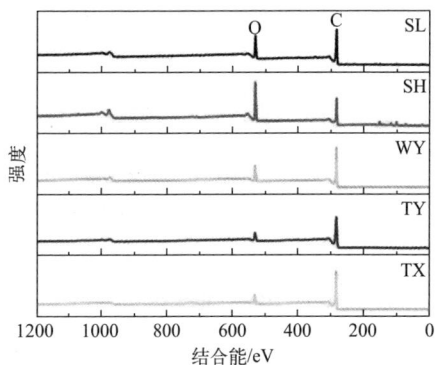

图 6-8　煤样的 XPS 总谱图

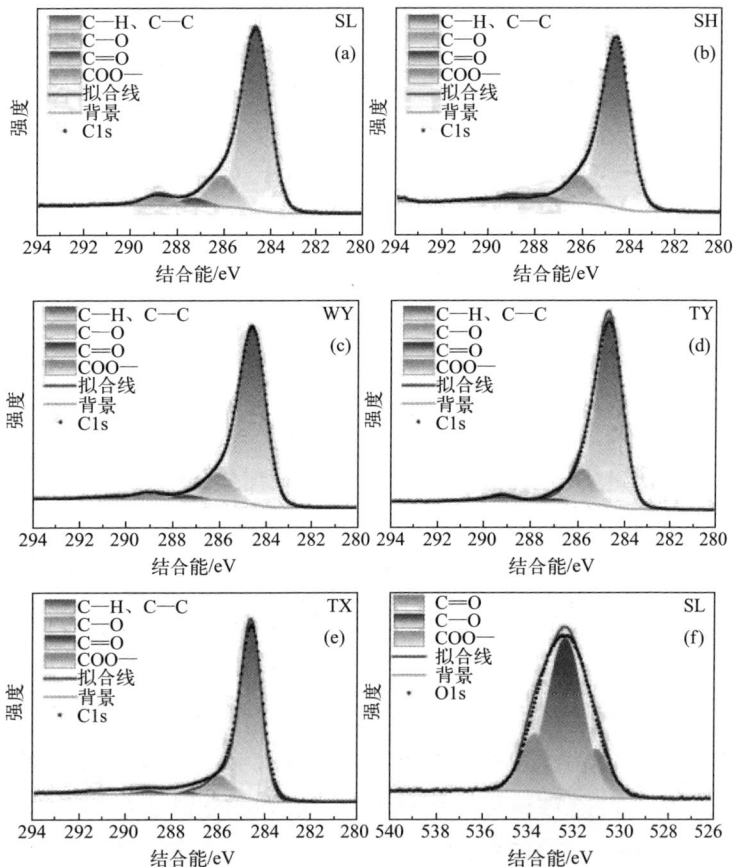

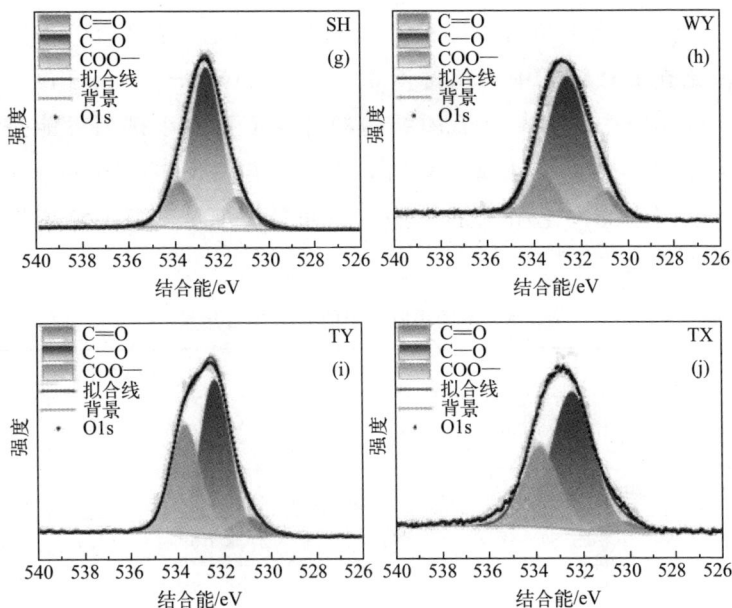

图 6-9　煤样的 XPS 的 C1s 与 O1s 分峰拟合图（见彩插）

(a) ～ (e) SL、SH、WY、TY、TX 的 C1s 拟合谱图；

(f) ～ (j) SL、SH、WY、TY、TX 的 O1s 拟合谱图

（286.1±0.2）eV；C＝O 键，结合能位于（287.2±0.2）eV；COO—键，结合能位于（288.9±0.2）eV。此外，O 谱可以分为三种形态，分别是 C＝O 键，结合能位于（531.2±0.2）eV；C—O 键，结合能位于（532.3±0.2）eV；COO—键，结合能位于（533.5±0.2）eV。

　　将拟合数据进行整理可得表 6-5。由表可知，随着煤阶的增加，C 元素的含量不断增加，O 元素的含量不断降低。在 C 谱中，C—H、C—C 键在所有种类的煤炭中占比最高，而对于含氧官能团，C—O 的含量占比最高，表明煤中含氧官能团的主要存在形式是羟基与醚键；不同煤阶的 C＝O 与 COO—的含量在 C 谱中占比不高，且随着煤阶升高不断降低，说明初始羰基碳与羧基碳结构在煤结构中含量较少，且随着煤阶的增加逐渐减

少。通过 O 谱分析可以印证 C 谱得到的结论，在 O 谱中 C—O 的占比在五种煤样中均超过了 50%，且 COO—均比 C═O 含量高，说明煤中的含氧官能团结构的含量依据大小排列可能是羟基＋醚键＞羧基＞羰基。此外，在 TY 与 TX 中，COO—在含氧官能团中的占比超过了 30%，这可能是 TY 与 TX 解聚性能变化的原因。

表 6-5 不同煤阶煤炭的 XPS 拟合结果

| 煤样 | C 谱 | | | | | O 谱 | | | |
|------|------|------|------|------|------|------|------|------|------|
| | C—H、C—C | C—O | C═O | COO— | 总 | C═O | C—O | COO— | 总 |
| SL | 77.29 | 13.54 | 3.7 | 5.47 | 78.7 | 16.1 | 65.88 | 18.02 | 21.29 |
| SH | 80.01 | 13.51 | 2.64 | 3.84 | 80.5 | 12.72 | 69.49 | 17.79 | 19.5 |
| WY | 81.13 | 13.16 | 2.26 | 3.45 | 85.54 | 11.06 | 73.55 | 15.39 | 14.46 |
| TY | 81.76 | 14.37 | 1.49 | 2.38 | 90.35 | 7.23 | 54.78 | 37.99 | 9.66 |
| TX | 86.47 | 11.15 | 1.02 | 1.36 | 92.23 | 4.23 | 64.32 | 31.45 | 7.78 |

## 6.2.3 不同煤阶煤样 RICO 解聚性能与微观结构关联分析

通过对不同煤阶煤样的微观结构分析，可以得到内部的结构参数，通过对这些结构参数进行分析，将这些数据与前期 RICO 解聚性能的数据相关联，可以更加直观地得到煤中芳香度、石墨化程度以及含氧官能团对解聚性能的具体影响。

### 6.2.3.1 芳香度对解聚效果的影响

芳香度 $f_{ar}$ 与解聚率的关联图如图 6-10 所示。由图可以看出，在 $f_{ar}$ 低于 70% 的情况下，不同煤阶煤样的解聚率均保持在较高水平，但是当 TX 的 $f_{ar}$ 达到 $90.79\%$ 时，煤样的解聚率急速下降至 $16.9\%$。根据上述结果可得，煤结构中的 $f_{ar}$ 对煤样的解聚率存在较大影响，当芳香度在煤结构中占比达到 $90\%$ 以上时，煤结构中的芳香团簇处于相对紧凑的状态，RICO 氧化难度增加，断键能力下降，导致解聚率降低。

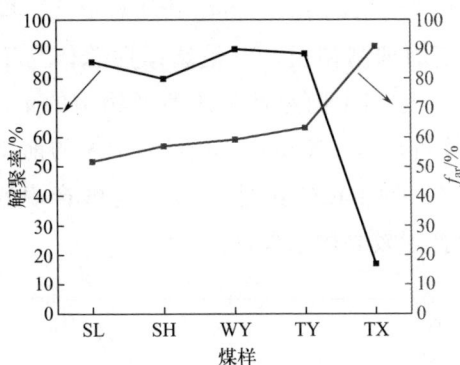

图 6-10　不同煤阶煤样的芳香度与解聚率关联图

芳香度 $f_{ar}$ 与煤样酸产率关联如图 6-11 所示。可以看到在褐煤到烟煤阶段随着 $f_{ar}$ 的增加煤样 RICO 的酸产率逐渐上升，但是到达无烟煤阶段 $f_{ar}$ 上升到 $90\%$ 以上，酸产率下降。结合上述结果，煤样的 $f_{ar}$ 在影响解聚率的同时也会对酸产率造成影响，

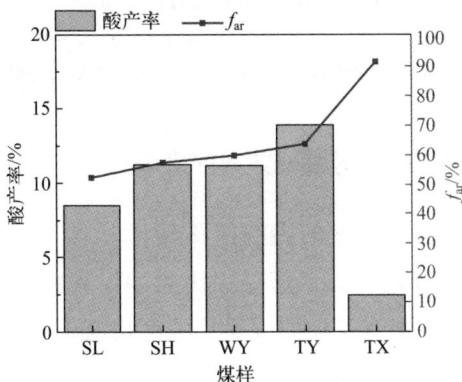

图 6-11　不同煤阶煤样的芳香度与酸产率关联图

由于 $f_{ar}$ 增加使得煤样结构更加稳固，导致解聚率降低，相应的酸产率也会降低，这与 6.2.1.1 中的结论相互印证。

煤样的 $f_{ar}$ 对 BPA、MA 的影响如图 6-12 所示。由图可知，在褐煤与烟煤阶段，随着 $f_{ar}$ 的上升，煤样的 BPA＋MA 选择性先降后升，当到达无烟煤阶段时 $f_{ar}$ 与两种苯羧酸的选择性均处于较高水平。上述结果说明 $f_{ar}$ 占比升高对中低阶煤中的 BPA 与 MA 产生有一定的抑制作用，但是选择性总体高于 30％且低于 60％，说明 BPA 与 MA 仍然是苯羧酸产物中的主产物；而高度稠合的芳香团簇可能是 TX 生产 BPA 与 MA 的前驱体结构，$f_{ar}$ 的高占比导致 TX 的 RICO 虽然解聚率与酸产率较低，但是对 BPA 与 MA 保持了较高的选择性。

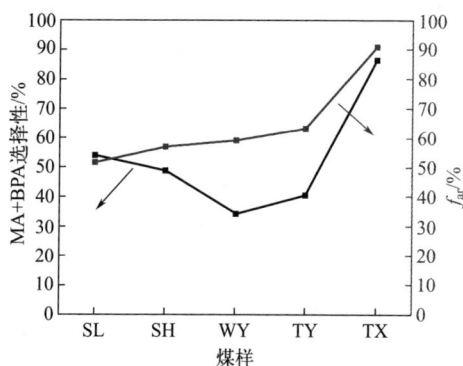

图 6-12　不同煤阶煤样的芳香度与 BPA、MA 选择性关联图

## 6.2.3.2　石墨化程度对解聚效果的影响

石墨化程度对解聚率的影响如图 6-13 所示。由图可知，随着 $I_{D_1}/I_G$ 值不断下降，褐煤、烟煤相比无烟煤有着不同的规律。在褐煤和烟煤阶段，所有煤样的石墨化程度均高于 0.7，但是对解聚率的影响不高；在无烟煤阶段，石墨化程度最高，煤样的解聚率在所有煤阶的煤当中最低。这说明石墨化程度对中低阶煤的影响不显

著，但是对高阶煤而言，石墨化程度过高可能会导致解聚率降低。

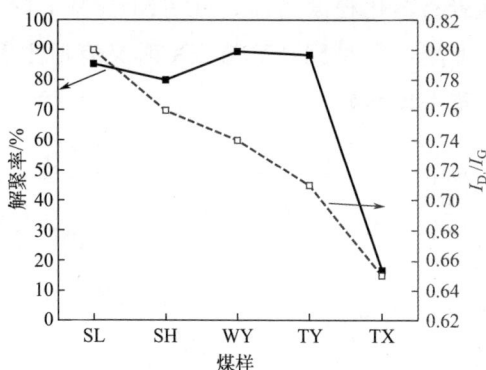

图 6-13　不同煤阶煤样的石墨化程度与解聚率关联图

不同煤阶煤样的石墨化程度与酸产率的关系如图 6-14 所示。可以看到，在褐煤以及烟煤阶段，随着 $I_{D_1}/I_G$ 值不断下降，苯羧酸产率呈现上升的趋势，其中 TY 的 $I_{D_1}/I_G$ 值为 0.71 时，苯羧酸产率达到了最高；但是随着煤阶的升高，过高的石墨化程度使得 TX 的酸产率骤降。由此可得，在中低阶煤中，石墨化程度高对苯羧酸的产率有促进作用，但是 TX 的石墨化程度过高，导致其 RICO 解聚效果下降，苯羧酸产率降低。

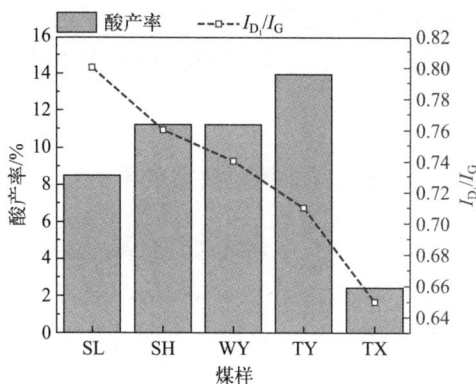

图 6-14　不同煤阶煤样的石墨化程度与酸产率关联图

不同煤阶煤样的石墨化程度对 BPA、MA 的选择性影响如图
6-15 所示。随着石墨化程度增加，SL、SH、WY 的 BPA 与 MA
的选择性有所下降，但是到 TY 与 TX 时又有所上升，其中 TX
的选择性上升效果最明显。

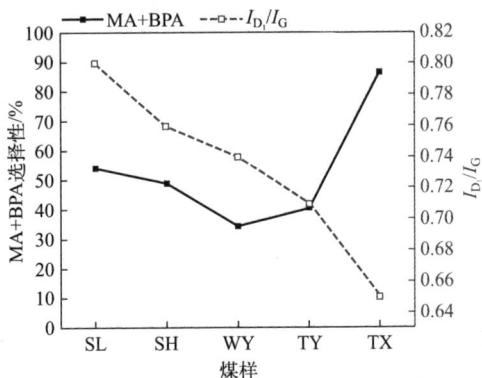

图 6-15　不同煤阶煤样的石墨化程度与选择性关联图

综上所述，石墨化程度对中低阶煤（SL、SH、WY、TY）
的苯羧酸产率以及 BPA、MA 选择性有影响，其中石墨化程度越
高，苯羧酸产率越高，但是 BPA 与 MA 的选择性下降。从 WY
开始 BPA＋MA 的选择性又开始随石墨化程度高而增大，结
合[13]C NMR 结果推测可能是芳香度与石墨化程度共同使 TX 中的
芳香结构变得致密，BPA 与 MA 反应前驱体增加，使得 RICO
对 BPA 与 MA 的选择性提升。

### 6.2.3.3　含氧量及含氧官能团对解聚效果的影响

根据不同煤阶煤样的工业分析，将含氧量与解聚效果进行关
联可以得到图 6-16。如图 6-16（a）所示，随着含氧量降低，煤
样解聚率不会随之有规律性的变化，说明含氧量并不会对煤样的
解聚率产生显著性的影响。但是对于酸产率来说，如图 6-16（b）
所示，在褐煤和烟煤阶段，随着含氧量的降低，煤样的酸产率呈

　褐煤氧化解聚及解聚产物利用

现上升趋势，SH 与 WY 的含氧量相近，其酸产率也相近；在 TY 中含氧量最低，但是酸产率最高。在无烟煤阶段，TX 的含氧度与酸产率均较低。由上述结果可以推测，单纯的含氧量可能无法明显地影响煤样的解聚率，但是可以影响煤样的酸产率。因此下面将对 O 的具体形式，即含氧官能团的种类对煤样酸产率的影响进行探究。

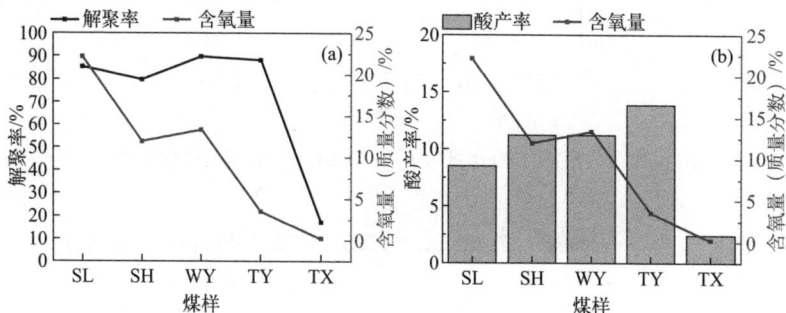

图 6-16　不同煤阶煤样含氧量对 RICO 解聚性能的影响图
（a）含氧量与解聚率关联图；（b）含氧量与酸产率关联图

图 6-17 是 $^{13}$C NMR 分析中所得的 $f^O$（与氧连接的碳含量）与 BPA、MA 选择性的关联图。从这幅图可以看出，在 SL、SH、WY 中选择性随着 $f^O$ 的下降而下降，而 TY 与 TX 的选择性与 $f^O$ 呈现相反的趋势。因为 TY 与 TX 煤阶相对较高，所以煤阶较低的情况下含氧碳结构可能是 BPA 与 MA 的反应前驱体结构之一，其存在可以促进 BPA 与 MA 的生成，随着煤阶的增加 $f^O$ 下降，BPA 与 MA 的前驱体结构由含氧碳结构改变为其他芳香团簇结构，致密的芳香团簇结构含量高于含氧碳结构，因此导致 TY 与 TX 的 $f^O$ 虽然下降，但是 BPA 与 MA 的选择性有所提升。

将 XPS 所得含氧官能团（OCFG）含量变化与酸产率相关联，如图 6-18 所示。由图可知，随着煤阶的增加 C=O 的占比不

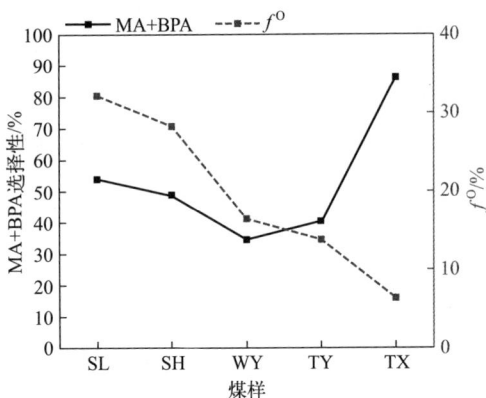

图 6-17　含氧碳结构含量（$f^O$）与 BPA、MA 选择性关联图

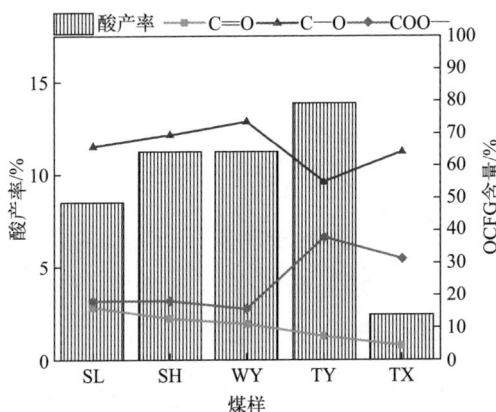

图 6-18　含氧官能团（OCFG）占比与酸产率关联图

断降低，在 SL、SH、WY 中 C—O 的占比不断上升，COO—的占比不断下降，苯羧酸产率上升，说明 C—O 可能与苯羧酸产率有关联。在 TY 中，C—O 占比下降，COO—占比上升，这可能是导致 TY 苯羧酸产率最高的原因。在 TX 中，虽然 C—O 与COO—占比较高，但是由于芳香度与石墨化程度最高，苯羧酸产率下降，说明对于 TX 来说，芳香度与石墨化程度对 RICO 酸产

率影响较大。而对于 SL、SH、WY 的 RICO 解聚性能来说芳香度是主要影响因素，石墨化程度以及含氧官能团为次要影响因素。对于 TY，芳香度以及含氧官能团可能是主要影响因素，石墨化程度为次要影响因素。

# 6.3 小结

综上所述，本章对五种不同煤阶的煤样进行 RICO 分析，初步探究煤阶对 RICO 解聚性能的影响。之后对煤样进行结构表征，探究煤阶对煤样 RICO 影响的具体原因。最后将五种不同煤阶煤样的结构表征结果与 RICO 反应结果相关联，系统地阐述了芳香度、石墨化程度以及含氧官能团对 RICO 的影响，探究了煤阶对 RICO 影响的具体原因以及主要影响因素。本章主要结论如下：

① 通过对 SL、SH、WY、TY、TX 进行工业分析以及元素分析，得出煤阶从小到大依次为 SL<SH<WY<TY<TX。对五种煤样进行 RICO，发现褐煤以及烟煤阶段苯羧酸产率会随着煤阶的升高而升高，煤样解聚率较为完全，其中 TY 的苯羧酸产率最高，达到了 13.9%。无烟煤 TX 的苯羧酸产率与解聚率最低，分别是 2.5% 和 16.9%，但是 TX 的 BPA 与 MA 的选择性最好。对 TX 延长反应时间发现苯羧酸产率增加了 2 倍以上，解聚率从 16.9% 升高到 25.2%，但是 BPA+MA 的选择性下降。对五种煤样进行 400℃ 预热解后发现苯羧酸总产率以及选择性提升。因此，煤阶对 RICO 的影响较为显著，且通过延长反应时间或者热解预处理会使苯羧酸产率与选择性有所提升。

② 对五种煤样进行 $^{13}$C NMR 发现，随着煤阶的升高脂肪族碳结构逐渐减少，芳香族碳结构逐渐增加，芳香度增加。进行

Raman 分析发现，煤样的石墨化程度随着煤阶的增加而增加。进行 FTIR 与 XPS 发现，随着煤阶的增加，C 元素的含量不断增加，O 元素的含量不断降低，C—O 是煤样含氧官能团的主要组成部分，煤中的含氧官能团结构的含量依据大小排列可能是羟基＋醚基＞羧基＞羰基。

③ 将芳香度、石墨化程度以及含氧官能团与 RICO 解聚性能相关联可得，$f_{ar}$ 对煤样解聚性能具有主要影响，$f_{ar}$ 增加表明煤中的稠环芳烃结构增加，这可能是 BPA 与 MA 的反应前驱体结构，当 $f_{ar}$ 上升到 90％以上时煤样的酸产率与解聚率均会骤降。石墨化程度对褐煤与烟煤等中低阶煤的影响不显著，但是如果石墨化程度降低至 0.7 以下可能会导致解聚率与酸产率下降，但是对 BPA 与 MA 的选择性提升有促进作用。C—O、COO—与较高的芳香度可能是 TY 酸产率最高的原因。对于 TX 来说，芳香度与石墨化程度对 RICO 酸产率的影响较大。而对于 SL、SH、WY 的 RICO 解聚性能来说芳香度是主要影响因素，石墨化程度以及含氧官能团为次要影响因素。对于 TY，芳香度以及含氧官能团可能是主要影响因素，石墨化程度为次要影响因素。

# 结 论

本书针对褐煤富含酸性官能团、丰富的孔道结构和稳定的碳基骨架等天然结构特征，提出了褐煤不经热解直接作为有机配体构建金属-有机复合催化剂这一新型利用途径。在此基础上，为进一步提高褐煤利用效率、改进催化剂性能，通过钌离子催化氧化对褐煤进行氧化解聚，并提出了褐煤氧化解聚产物不经复杂分离直接用作有机配体构建金属-有机复合催化剂这一解聚物利用新途径。研究过程中发现，褐煤氧化解聚产物中不同有机酸能够与金属离子发生选择性配位结合，基于此提出了褐煤氧化解聚产物金属离子配位分离制备高值有机酸这一解聚物分离新思路。主要结论如下：

　　① 提出了直接以褐煤为有机配体不经热解构建金属-有机复合催化剂这一褐煤利用新途径。以褐煤原煤为配体，构建了褐煤-锆基氢转移加氢催化剂（Zr-RSL），系统考察了催化剂制备条件和反应条件对催化剂性能的影响，对催化剂结构进行了详细表征，分析了固有矿物质对催化剂性能的影响，考察了所提出技术路线对不同煤种的适用性以及所制备催化剂对不同底物的普适性。研究结果表明，上述提出的技术路线可行，所构建的催化剂能高效催化生物质平台分子糠醛转移加氢反应；催化剂结构表征表明，$Zr^{4+}$ 与催化剂中酸性含氧官能团配位结合，催化剂为无定形结构，$Zr^{4+}$ 的引入不影响褐煤主体结构；固有矿物质的存在降低了催化剂的循环稳定性，褐煤酸洗脱除矿物质后再制备催化剂能提高催化剂的稳定性；所制备催化剂对不同结构羰基类化合物均具有优异的催化加氢性能；上述催化剂制备路线适用于不同类型中低阶煤。

　　② 针对褐煤氧化解聚产物富含酸性有机物质且分离困难这一特点，提出了褐煤氧化解聚产物不经复杂分离直接用作有机配体构建金属-有机复合催化剂这一解聚物利用新路线。以褐煤钌离子催化氧化解聚产物（DM）为原料，构建了不同类型催化剂，

系统考察了催化剂制备条件和反应条件对催化剂性能的影响，对催化剂结构进行了表征。研究结果表明，所提技术路线是可行的，以 DM 为原料构建的 Zr-DM 加氢催化剂、Cu-DM 氧化催化剂和 Fe-DM 光催化催化剂对羰基类化合物选择性加氢反应、醇类化合物选择性氧化反应和有机染料（罗丹明）光催化降解反应均表现出优异的催化活性，证明了路线对不同类型催化剂的普适性；所构建催化剂在循环使用多次后活性和结构无明显变化，表明催化剂具有良好的稳定性；解聚物中不同组分对催化剂活性贡献不同，且部分有机组分没有参与催化剂的形成，部分高附加值产物利用率不高。因此，褐煤解聚产物不经分离直接构建催化剂路线可行，但要进一步发挥解聚产物高附加值特性、提高解聚产物的利用效率，仍需要对解聚产物进行分离利用。

③ 在褐煤氧化解聚物构建催化剂研究过程中发现不同有机酸与金属离子可选择性配位结合，基于这一发现，提出了以金属离子为"转运分子"，与有机酸选择性配位结合，从褐煤解聚物中"转运"分离高值有机酸这一解聚产物分离新思路。系统考察了多种金属离子对有机酸模拟体系和褐煤碱氧氧化解聚物真实体系的分离效果。研究结果表明，以金属离子为"转运分子"，能够从褐煤解聚产物中有效分离出高值有机酸，所提出技术路线是可行的；进一步研究发现，通过控制金属离子的种类和用量、分离体系的 pH 值，可以调节有机酸提取率和选择性，而配位反应温度对分离过程的调控作用没有显著影响。在所考察金属离子中，稀土类金属、$Cu^{2+}$ 和 $Fe^{3+}$ 可以结合母液中大部分 VOAs，且 $Fe^{3+}$ 对各羧酸的提取率普遍高于 $Cu^{2+}$；母液中有机羧酸的提取率随着母液 pH 值的升高和 $Fe^{3+}$ 用量的增加均有显著提高；pH 值为 8 时，$Fe^{3+}$ 分离剩余液中主要含草酸；而随着配位反应温度的增加，提取率下降。对 $Nd^{3+}$ 而言，增加 $Nd^{3+}$ 的用量，草酸的提取率降低，而 1,2-BDA 的提取率增加；当母液 pH 值为 2

时，$Nd^{3+}$ 几乎可以选择性地将草酸从 AOOPs 中分离出来。而同样的 pH 值和 $Nd^{3+}$ 用量下，温度的变化对选择性和提取率没有明显的影响。金属离子可以通过 HCl 溶解 $M (OH)_n$ 实现回收重复使用。该分离方法在接近室温的条件下完成，对从褐煤中提取高附加值化学品、促进褐煤资源的绿色高效利用具有一定指导意义。

④ 探究了预热解温度对褐煤解聚性能的影响。预热解温度依次为 200℃、400℃、600℃，热解时间为 2h，RICO 反应时间为 48h，随着预热解温度的升高，煤样的解聚率由 93.83％下降为 3％，苯羧酸产率在 $400SL^+$ 处达到最高值（25.43％），BPA 与 MA 选择性在 $600SL^+$ 处达到最高值（73.36％），由上述结果可得，预热解温度增加会抑制煤样解聚，但是在 400℃下促进苯羧酸产生，在 600℃下提升 BPA 与 MA 的选择性。随着预热解温度的升高，煤样的 $f_{ar}$ 升高、$I_{D_1}/I_G$ 值下降，XPS 中 O 谱强度下降，说明预热解温度升高会提升 $SL^+$ 的芳香度与石墨化程度，减少含氧官能团结构的数量。芳香度增加、石墨化程度增加以及含氧量变低会导致煤样解聚率变低，但是芳香度增加会提升煤样的酸产率以及选择性，但是当 $f_{ar}$ 超过 90％时总酸产率会骤降，羧基占比提升对酸产率提升具有积极影响，羟基与醚基占比提升对 BPA 与 MA 选择性提升有积极影响。当煤样中的芳香度与石墨化程度相似时，煤样的含氧官能团结构增加会促进煤样解聚以及酸产率提升。研究结果揭示了热解预处理影响煤样 RICO 解聚率、酸产率以及选择性变化的结构层面原因，为煤样 RICO 制备高值化学品提供了基础数据和技术参考，对煤的高值化利用具有一定参考价值。

⑤ 探究了煤阶对煤样 RICO 解聚性能的影响。将 SL、SH、WY、TY、TX 依据含碳量划分煤阶为 SL＜SH＜WY＜TY＜TX。随着煤阶升高，中低阶煤（SL、SH、WY、TY）解聚率均

达到了 80％以上，无烟煤（TX）的解聚率为 16.9％，远低于其他煤样，苯羧酸产率在 TY 处达到最高值（13.9％），TX 处为最低值（2.5％），TX 的 BPA 与 MA 选择性最好。对 TX 延长反应时间，发现煤样的 BPA 产率大幅增长，但是 BPA 与 MA 的总体选择性降低。对五种煤样进行 400℃预热解处理再进行 RICO，发现苯羧酸产率提升较大，TX 的 MA 选择性达到了 91.7％，以上结果表明煤阶对 RICO 的影响较为显著，延长反应时间或者热解预处理会使苯羧酸产率与选择性有所提升。对于 SL、SH、WY、TY，随着煤阶增加，芳香度、石墨化程度增加，含氧官能团结构减少，$f_{ar}$ 增加苯羧酸产率也会增加；对于 TX，当 $f_{ar}$ 达到 90.79％时解聚率与苯羧酸产率骤降，同时 BPA 与 MA 的选择性提升。石墨化程度达到 0.7 时对 TX 解聚率影响较为显著，对 SL、SH、WY、TY 影响不大。若羟基、醚基与羧基占比均超过 30％，对 BPA 与 MA 的选择性会有积极影响。根据以上效果，随着煤阶的增长，芳香度是 RICO 解聚性能的主要影响因素，石墨化程度与含氧官能团为次要因素。

展望

本书围绕褐煤及其氧化解聚产物新型高值化利用方式开展了系统研究工作，提出了将褐煤及其解聚产物应用于构建金属-有机复合催化剂新型利用途径以及解聚产物金属离子配位分离制高值有机酸的分离新思路。在本研究基础上，可进一步开展以下工作：

① 由于不同解聚方法所获得的解聚产物在产物种类分布和相对含量等方面存在差异，应进一步尝试其他解聚方法得到的解聚产物在构建催化剂及制备分离高值化学品方面的研究，总结不同氧化解聚方法对应的产物组成特性和利用工艺，从而实现不同解聚物体系的针对性和高值化利用。

② 在解聚产物分离过程中，可尝试先除去解聚产物中的无机盐，排除无机盐在分离过程中的不利影响，提高分离效果；或者采用与其他分离手段相结合的方法，如先采用丁酮等溶剂将小分子脂肪酸和苯羧酸从体系中萃取出来，再对萃取体系采用金属离子转运分离；尝试降低分离过程中水的用量、探索水-有机溶剂混合体系的分离过程以及开展对分离过程污染物的产生与处理方面的研究。

③ 探索金属离子分步配位分离方法：如对铁和稀土类金属，其对羧酸的结合能力强但选择性差，分离液中结合了母液中大部分的有机羧酸，向该分离液中加入钙或锰等对羧酸选择性强的金属，在这方面本书已开展了部分工作，但仍需深入研究，这一路线有望从解聚物中进一步分离出某些羧酸的单体。

④ 探索更多金属对解聚产物分离的影响，进一步总结金属种类影响分离的规律。通过测定配位常数等，从配位化学的角度解释不同价位、不同族金属、不同分离条件下的分离机制和内在规律；利用同一种金属的不同盐与解聚产物作用，考察同种金属不同阴离子对解聚产物的分离效果，总结规律。

⑤ 探索开发其他基于解聚产物化学性质差异的分离方法，例如离子交换法、酯化法等，完善分离方法，以实现解聚产物分类分离甚至组分单体分离，为褐煤的高值高效利用提供新的、可行的分离途径。

附录

# 附录 A 模拟体系分离 HPLC 附图及附表

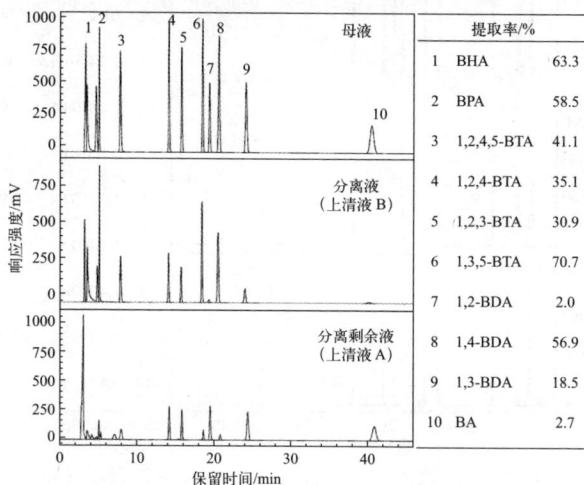

图 A.1 Cu(CH₃COO)₂·H₂O 对模拟体系的分离效果

$$\text{图 A.1}\quad Cu(CH_3COO)_2 \cdot H_2O \text{ 对模拟体系的分离效果}$$

[内插表为不同有机酸的提取率。分离条件：母液 5mL；
Cu(CH₃COO)₂·H₂O 0.1g；50℃；2h]

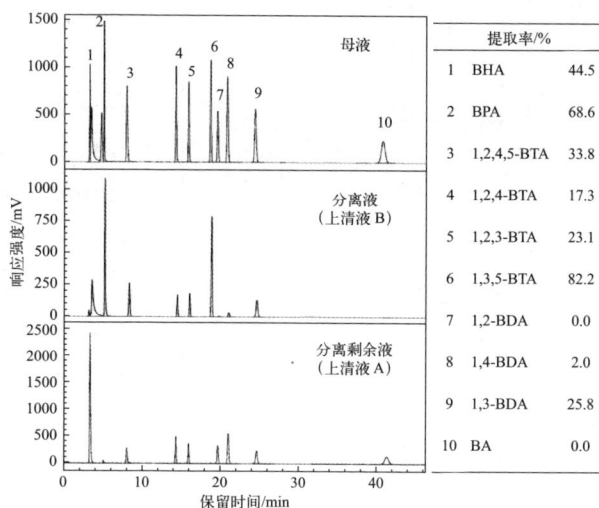

图 A.2 La(NO₃)₃·xH₂O 对模拟体系的分离效果

[分离条件：母液 5mL；La(NO₃)₃·xH₂O 0.1g；50℃；2h]

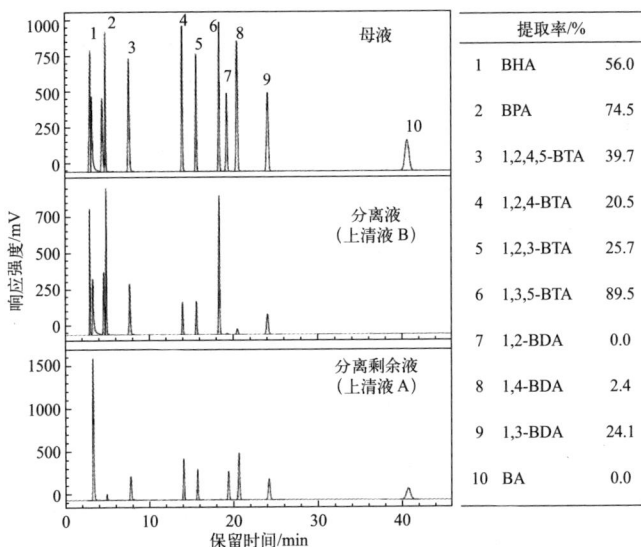

图 A.3 Ce(NO₃)₃·6H₂O 对模拟体系的分离效果

[分离条件：母液 5mL；Ce(NO₃)₃·6H₂O 0.05g；50℃；2h]

| | 提取率/% | |
|---|---|---|
| 1 | BHA | 56.0 |
| 2 | BPA | 74.5 |
| 3 | 1,2,4,5-BTA | 39.7 |
| 4 | 1,2,4-BTA | 20.5 |
| 5 | 1,2,3-BTA | 25.7 |
| 6 | 1,3,5-BTA | 89.5 |
| 7 | 1,2-BDA | 0.0 |
| 8 | 1,4-BDA | 2.4 |
| 9 | 1,3-BDA | 24.1 |
| 10 | BA | 0.0 |

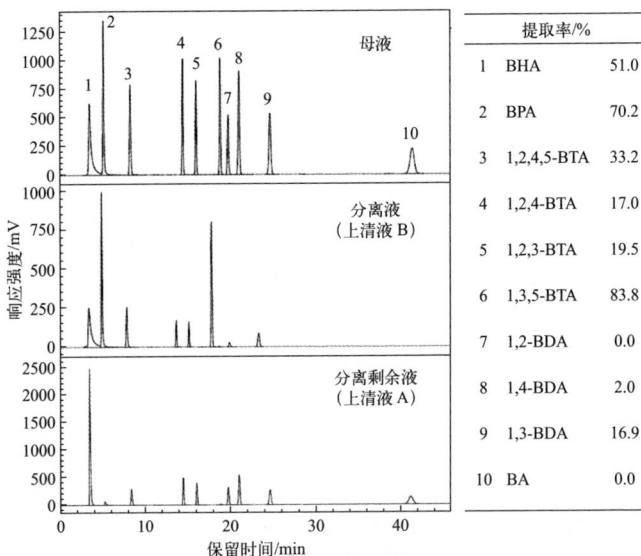

图 A.4 Pr(NO₃)₃·6H₂O 对模拟体系的分离效果

[分离条件：母液 5mL；Pr(NO₃)₃·6H₂O 0.1g；50℃；2h]

| | 提取率/% | |
|---|---|---|
| 1 | BHA | 51.0 |
| 2 | BPA | 70.2 |
| 3 | 1,2,4,5-BTA | 33.2 |
| 4 | 1,2,4-BTA | 17.0 |
| 5 | 1,2,3-BTA | 19.5 |
| 6 | 1,3,5-BTA | 83.8 |
| 7 | 1,2-BDA | 0.0 |
| 8 | 1,4-BDA | 2.0 |
| 9 | 1,3-BDA | 16.9 |
| 10 | BA | 0.0 |

褐煤氧化解聚及解聚产物利用

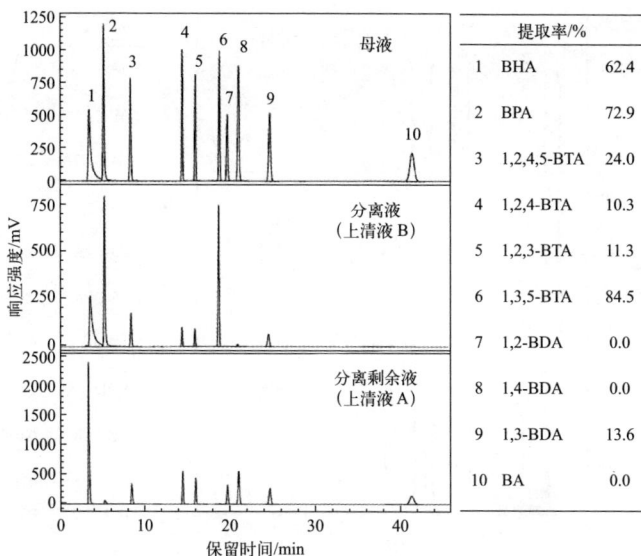

| | 提取率/% |
|---|---|
| 1 BHA | 62.4 |
| 2 BPA | 72.9 |
| 3 1,2,4,5-BTA | 24.0 |
| 4 1,2,4-BTA | 10.3 |
| 5 1,2,3-BTA | 11.3 |
| 6 1,3,5-BTA | 84.5 |
| 7 1,2-BDA | 0.0 |
| 8 1,4-BDA | 0.0 |
| 9 1,3-BDA | 13.6 |
| 10 BA | 0.0 |

图 A.5　Nd(NO$_3$)$_3$·6H$_2$O 对模拟体系的分离效果

［分离条件：母液 5mL；Nd(NO$_3$)$_3$·6H$_2$O 0.1g；50℃；2h］

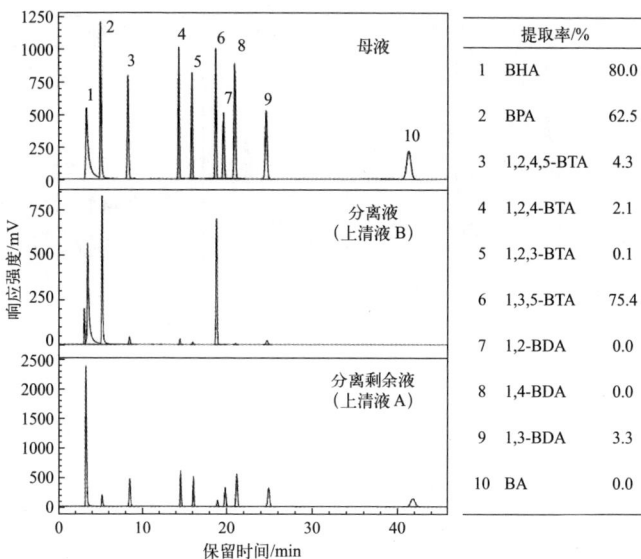

| | 提取率/% |
|---|---|
| 1 BHA | 80.0 |
| 2 BPA | 62.5 |
| 3 1,2,4,5-BTA | 4.3 |
| 4 1,2,4-BTA | 2.1 |
| 5 1,2,3-BTA | 0.1 |
| 6 1,3,5-BTA | 75.4 |
| 7 1,2-BDA | 0.0 |
| 8 1,4-BDA | 0.0 |
| 9 1,3-BDA | 3.3 |
| 10 BA | 0.0 |

图 A.6　Yb(NO$_3$)$_3$·5H$_2$O 对模拟体系的分离效果

［分离条件：母液 5mL；Yb(NO$_3$)$_3$·5H$_2$O 0.1g；50℃；2h］

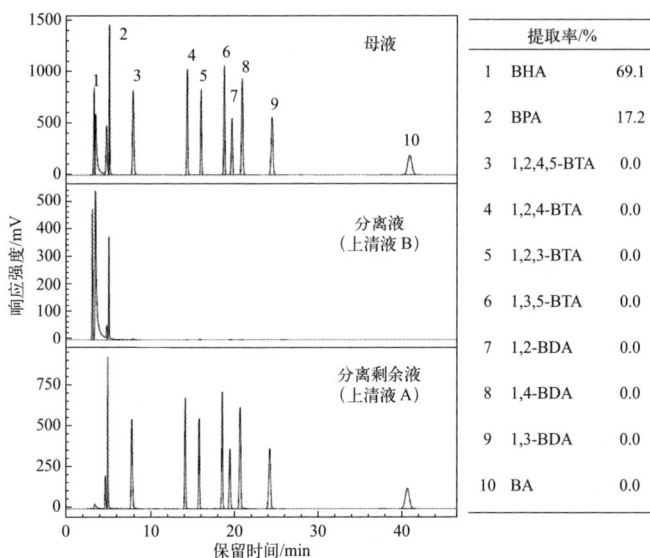

图 A.7 CaCl₂ 对模拟体系的分离效果

（分离条件：母液 5mL；CaCl₂ 0.1g；50℃；2h）

| | | 提取率/% |
|---|---|---|
| 1 | BHA | 69.1 |
| 2 | BPA | 17.2 |
| 3 | 1,2,4,5-BTA | 0.0 |
| 4 | 1,2,4-BTA | 0.0 |
| 5 | 1,2,3-BTA | 0.0 |
| 6 | 1,3,5-BTA | 0.0 |
| 7 | 1,2-BDA | 0.0 |
| 8 | 1,4-BDA | 0.0 |
| 9 | 1,3-BDA | 0.0 |
| 10 | BA | 0.0 |

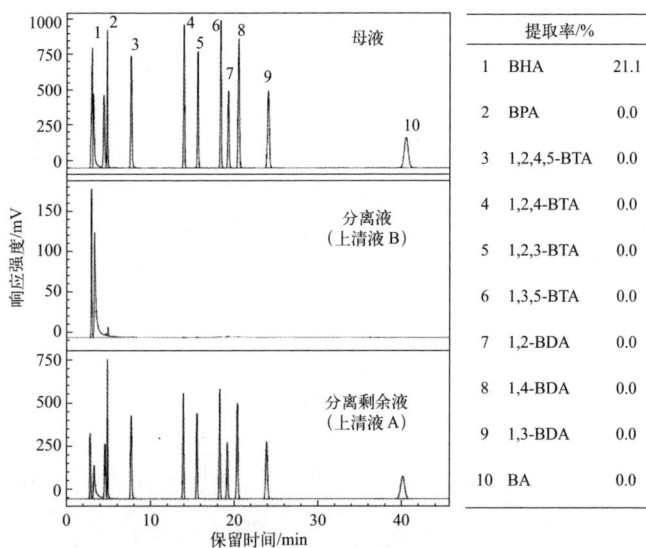

图 A.8 MnCl₂ 对模拟体系的分离效果

（分离条件：母液 5mL；MnCl₂ 0.4g；50℃；2h）

| | | 提取率/% |
|---|---|---|
| 1 | BHA | 21.1 |
| 2 | BPA | 0.0 |
| 3 | 1,2,4,5-BTA | 0.0 |
| 4 | 1,2,4-BTA | 0.0 |
| 5 | 1,2,3-BTA | 0.0 |
| 6 | 1,3,5-BTA | 0.0 |
| 7 | 1,2-BDA | 0.0 |
| 8 | 1,4-BDA | 0.0 |
| 9 | 1,3-BDA | 0.0 |
| 10 | BA | 0.0 |

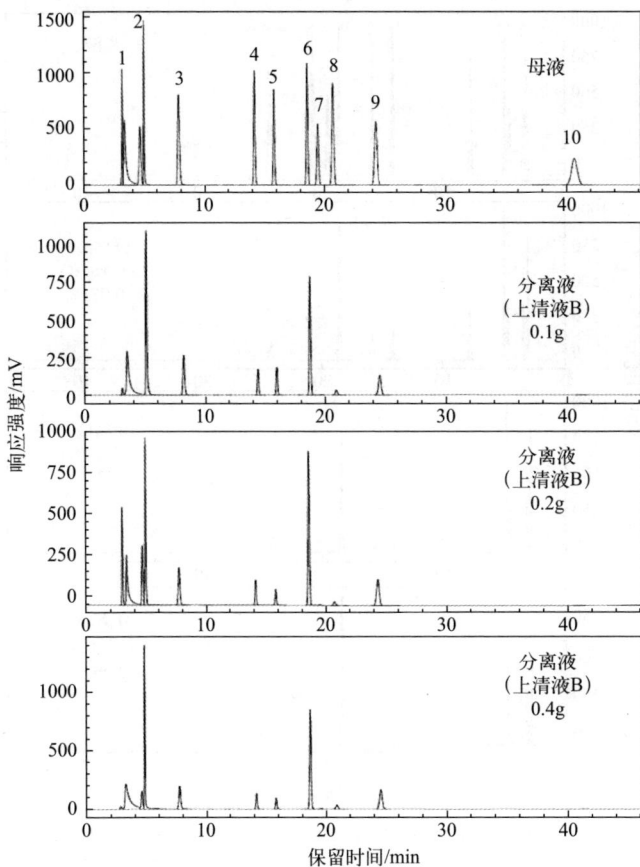

图 A.9　La(NO₃)₃ · xH₂O 用量对模拟母液分离效果的影响

（分离条件：母液 5mL，50℃，2h）

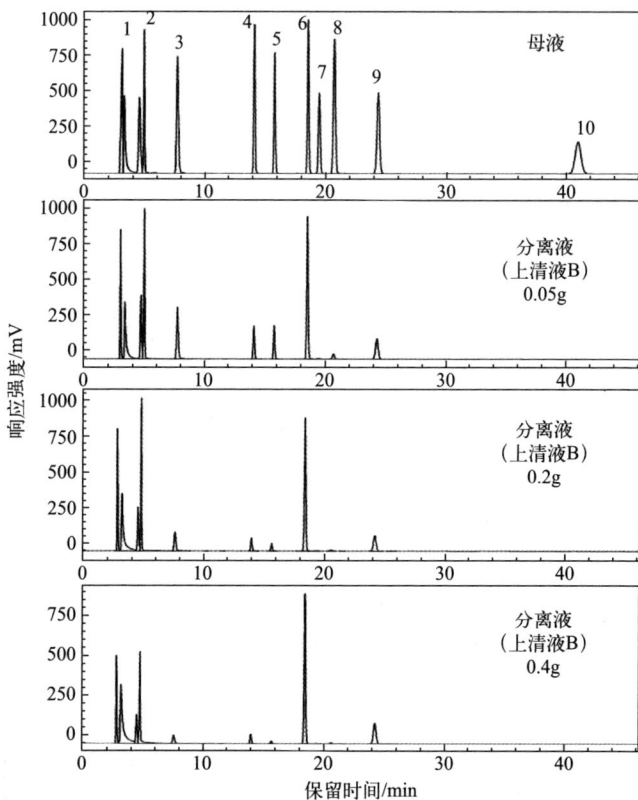

图 A.10　Ce(NO$_3$)$_3$·6H$_2$O 用量对模拟母液分离效果的影响

（分离条件：母液 5mL，50℃，2h）

褐煤氧化解聚及解聚产物利用

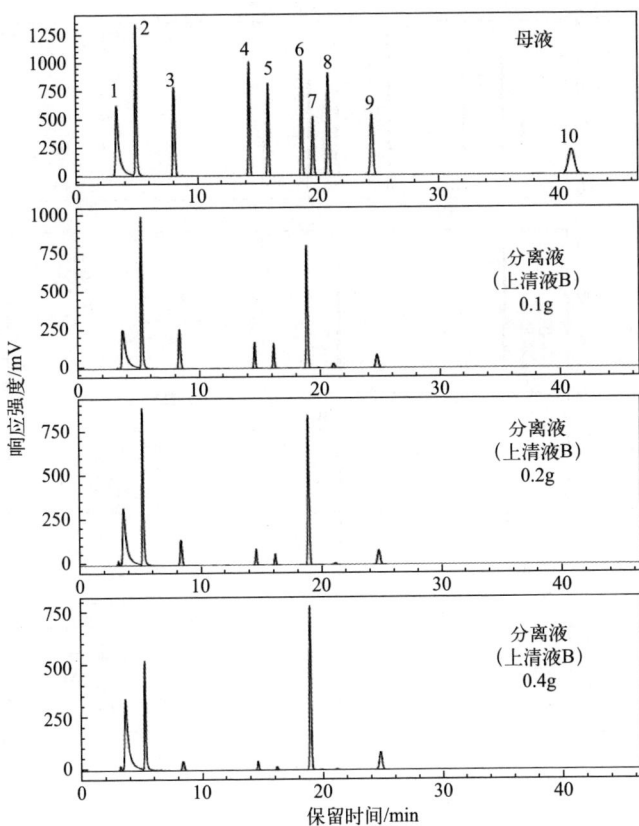

图 A.11 Pr(NO₃)₃·6H₂O 用量对模拟母液分离效果的影响

图 A.11 $Pr(NO_3)_3 \cdot 6H_2O$ 用量对模拟母液分离效果的影响

（分离条件：母液 5mL，50℃，2h）

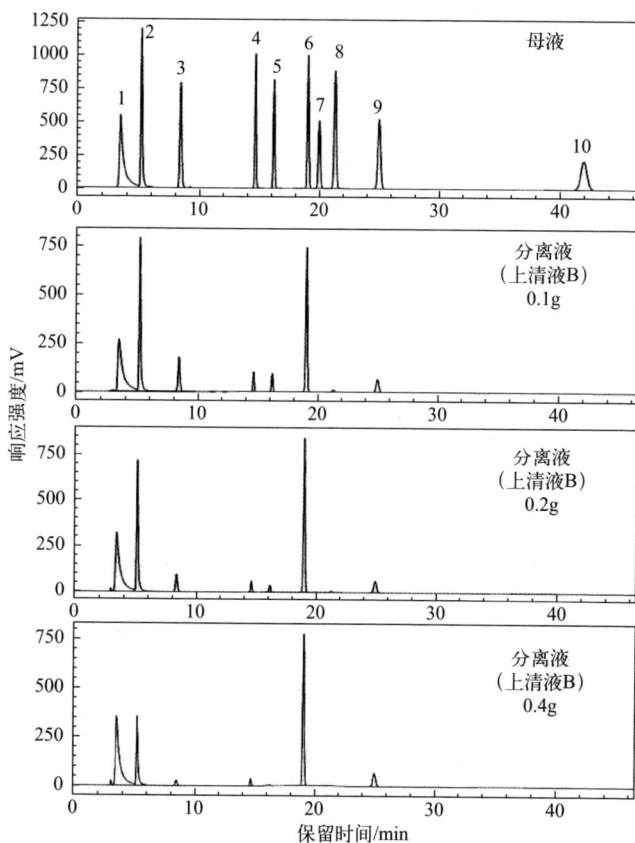

图 A.12 　Nd(NO₃)₃·6H₂O 用量对模拟母液分离效果的影响
（分离条件：母液 5mL，50℃，2h）

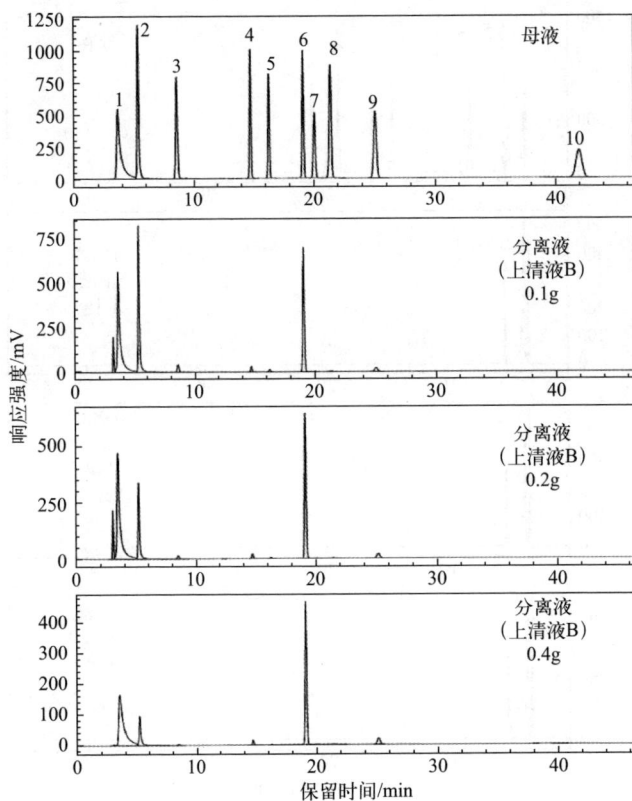

图 A.13　Yb(NO₃)₃·5H₂O 用量对模拟母液分离效果的影响

（分离条件：母液 5mL，50℃，2h）

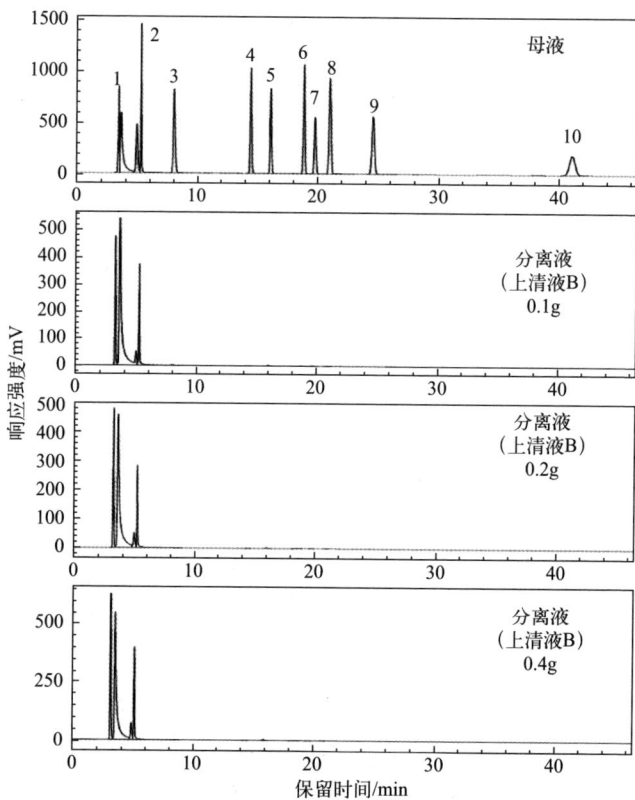

图 A.14 CaCl₂ 用量对模拟母液分离效果的影响
（分离条件：母液 5mL，50℃，2h）

表 A.1　$La(NO_3)_3 \cdot xH_2O$ 用量对分离提取率的影响

| 序号 | 缩写 | 提取率/% | | |
|---|---|---|---|---|
| | | $La(NO_3)_3 \cdot xH_2O$ 用量/g | | |
| | | 0.1 | 0.2 | 0.4 |
| 1 | BHA | 44.5 | 47.6 | 45.2 |
| 2 | BPA | 68.6 | 71.0 | 71.8 |
| 3 | 1,2,4,5-BTA | 33.8 | 25.2 | 25.1 |
| 4 | 1,2,4-BTA | 17.3 | 13.8 | 13.1 |
| 5 | 1,2,3-BTA | 23.0 | 10.5 | 11.0 |
| 6 | 1,3,5-BTA | 82.2 | 87.6 | 89.0 |
| 7 | 1,2-BDA | 0.0 | 0.0 | 0.0 |
| 8 | 1,4-BDA | 2.0 | 1.2 | 2.7 |
| 9 | 1,3-BDA | 25.8 | 27.7 | 33.1 |
| 10 | BA | 0.0 | 0.0 | 0.0 |

表 A.2　$Ce(NO_3)_3 \cdot 6H_2O$ 用量对分离提取率的影响

| 序号 | 缩写 | 提取率/% | | |
|---|---|---|---|---|
| | | $Ce(NO_3)_3 \cdot 6H_2O$ 用量/g | | |
| | | 0.1 | 0.2 | 0.4 |
| 1 | BHA | 56.0 | 63.8 | 59.7 |
| 2 | BPA | 74.5 | 60.6 | 43.0 |
| 3 | 1,2,4,5-BTA | 39.7 | 14.2 | 5.1 |
| 4 | 1,2,4-BTA | 20.5 | 7.6 | 4.8 |
| 5 | 1,2,3-BTA | 25.7 | 5.2 | 0.5 |
| 6 | 1,3,5-BTA | 89.5 | 87.1 | 88.0 |
| 7 | 1,2-BDA | 0.0 | 0.0 | 0.0 |
| 8 | 1,4-BDA | 2.4 | 0.0 | 0.0 |
| 9 | 1,3-BDA | 24.1 | 18.7 | 22.3 |
| 10 | BA | 0.0 | 0.0 | 0.0 |

表 A.3  $Pr(NO_3)_3 \cdot 6H_2O$ 用量对分离提取率的影响

| 序号 | 缩写 | 提取率/% | | |
|---|---|---|---|---|
| | | $Pr(NO_3)_3 \cdot 6H_2O$ 用量/g | | |
| | | 0.1 | 0.2 | 0.4 |
| 1 | BHA | 51.0 | 54.6 | 60.0 |
| 2 | BPA | 70.2 | 59.9 | 38.8 |
| 3 | 1,2,4,5-BTA | 33.2 | 16.8 | 4.7 |
| 4 | 1,2,4-BTA | 17.0 | 7.6 | 3.1 |
| 5 | 1,2,3-BTA | 19.5 | 6.2 | 0.5 |
| 6 | 1,3,5-BTA | 83.8 | 81.9 | 81.7 |
| 7 | 1,2-BDA | 0.0 | 0.0 | 0.0 |
| 8 | 1,4-BDA | 2.0 | 0.0 | 0.0 |
| 9 | 1,3-BDA | 16.9 | 14.5 | 16.3 |
| 10 | BA | 0.0 | 0.0 | 0.0 |

表 A.4  $Nd(NO_3)_3 \cdot 6H_2O$ 用量对分离提取率的影响

| 序号 | 缩写 | 提取率/% | | |
|---|---|---|---|---|
| | | $Nd(NO_3)_3 \cdot 6H_2O$ 用量/g | | |
| | | 0.1 | 0.2 | 0.4 |
| 1 | BHA | 62.4 | 67.1 | 68.7 |
| 2 | BPA | 72.9 | 61.9 | 32.9 |
| 3 | 1,2,4,5-BTA | 24.0 | 11.7 | 2.6 |
| 4 | 1,2,4-BTA | 10.3 | 5.0 | 2.7 |
| 5 | 1,2,3-BTA | 11.3 | 3.1 | 0 |
| 6 | 1,3,5-BTA | 84.5 | 89.3 | 87.1 |
| 7 | 1,2-BDA | 0.0 | 0.0 | 0.0 |
| 8 | 1,4-BDA | 0.0 | 0.0 | 0.0 |
| 9 | 1,3-BDA | 13.6 | 11.9 | 13.6 |
| 10 | BA | 0.0 | 0.0 | 0.0 |

褐煤氧化解聚及解聚产物利用

表 A.5 Yb(NO₃)₃·5H₂O 用量对分离提取率的影响

| 序号 | 缩写 | 提取率/% | | |
|---|---|---|---|---|
| | | $Yb(NO_3)_3 \cdot 5H_2O$ 用量/g | | |
| | | 0.1 | 0.2 | 0.4 |
| 1 | BHA | 80.0 | 73.7 | 38.8 |
| 2 | BPA | 62.5 | 27.1 | 9.1 |
| 3 | 1,2,4,5-BTA | 4.0 | 0.6 | 0.0 |
| 4 | 1,2,4-BTA | 2.1 | 1.0 | 0.5 |
| 5 | 1,2,3-BTA | 0.1 | 0.0 | 0.0 |
| 6 | 1,3,5-BTA | 75.4 | 69.3 | 51.0 |
| 7 | 1,2-BDA | 0.0 | 0.0 | 0.0 |
| 8 | 1,4-BDA | 0.0 | 0.0 | 0.0 |
| 9 | 1,3-BDA | 3.3 | 3.1 | 3.2 |
| 10 | BA | 0.0 | 0.0 | 0.0 |

表 A.6 CaCl₂ 用量对分离提取率的影响

| 序号 | 缩写 | 提取率/% | | |
|---|---|---|---|---|
| | | $CaCl_2$ 用量/g | | |
| | | 0.1 | 0.2 | 0.4 |
| 1 | BHA | 69.1 | 67.8 | 80.5 |
| 2 | BPA | 17.2 | 16.4 | 22.5 |
| 3 | 1,2,4,5-BTA | 0.0 | 0.0 | 0.0 |
| 4 | 1,2,4-BTA | 0.0 | 0.0 | 0.0 |
| 5 | 1,2,3-BTA | 0.0 | 0.0 | 0.0 |
| 6 | 1,3,5-BTA | 0.0 | 0.0 | 0.0 |
| 7 | 1,2-BDA | 0.0 | 0.0 | 0.0 |
| 8 | 1,4-BDA | 0.0 | 0.0 | 0.0 |
| 9 | 1,3-BDA | 0.0 | 0.0 | 0.0 |
| 10 | BA | 0.0 | 0.0 | 0.0 |

## 附录 B 真实体系分离 HPLC 附图及附表

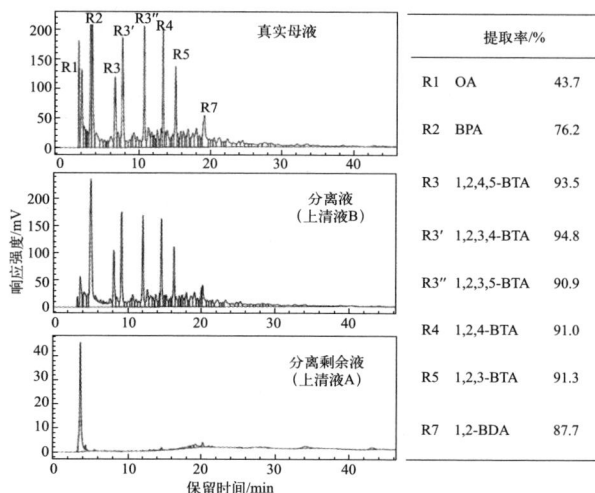

| | | 提取率/% |
|---|---|---|
| R1 | OA | 43.7 |
| R2 | BPA | 76.2 |
| R3 | 1,2,4,5-BTA | 93.5 |
| R3′ | 1,2,3,4-BTA | 94.8 |
| R3″ | 1,2,3,5-BTA | 90.9 |
| R4 | 1,2,4-BTA | 91.0 |
| R5 | 1,2,3-BTA | 91.3 |
| R7 | 1,2-BDA | 87.7 |

图 B.1 $FeCl_3 \cdot 6H_2O$ 对 AOOPs 体系的分离效果

（内插表为不同有机酸的提取率。分离条件：$FeCl_3 \cdot 6H_2O$ 0.05g，温度为 50℃，
时间为 2h，AOOPs 5mL，pH＝8）

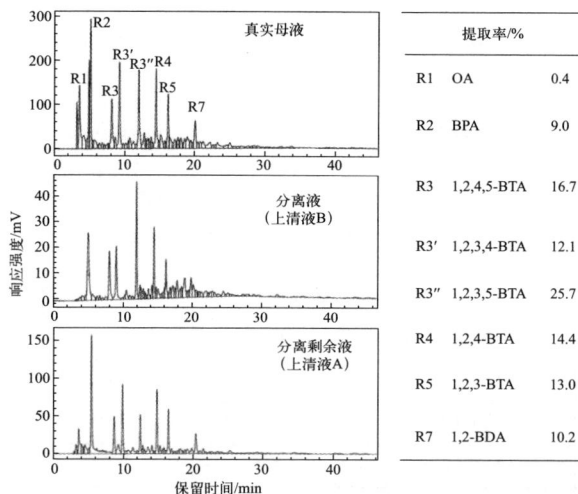

| | | 提取率/% |
|---|---|---|
| R1 | OA | 0.4 |
| R2 | BPA | 9.0 |
| R3 | 1,2,4,5-BTA | 16.7 |
| R3′ | 1,2,3,4-BTA | 12.1 |
| R3″ | 1,2,3,5-BTA | 25.7 |
| R4 | 1,2,4-BTA | 14.4 |
| R5 | 1,2,3-BTA | 13.0 |
| R7 | 1,2-BDA | 10.2 |

图 B.2 $AlCl_3$ 对 AOOPs 体系的分离效果

（分离条件：$AlCl_3$ 0.05g，温度为 50℃，时间为 2h，AOOPs 5mL，pH＝6）

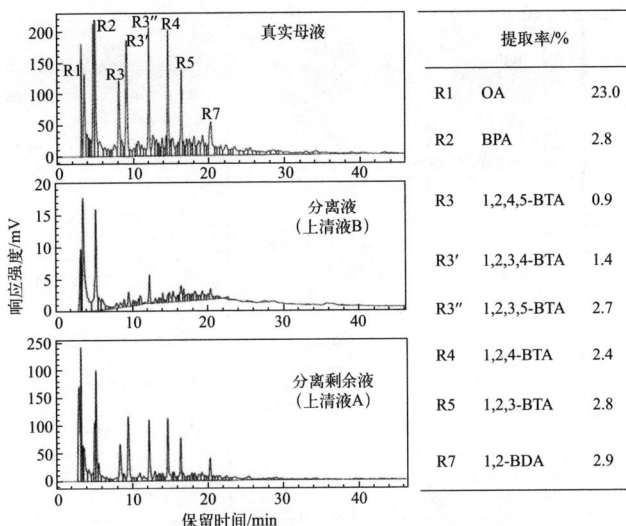

| | | 提取率/% |
|---|---|---|
| R1 | OA | 23.0 |
| R2 | BPA | 2.8 |
| R3 | 1,2,4,5-BTA | 0.9 |
| R3′ | 1,2,3,4-BTA | 1.4 |
| R3″ | 1,2,3,5-BTA | 2.7 |
| R4 | 1,2,4-BTA | 2.4 |
| R5 | 1,2,3-BTA | 2.8 |
| R7 | 1,2-BDA | 2.9 |

图 B.3　Cu(CH₃COO)₂·H₂O 对 AOOPs 体系的分离效果

[分离条件：Cu(CH₃COO)₂·H₂O 0.05g，温度为 50℃，
时间为 2h，AOOPs 5mL，pH＝2]

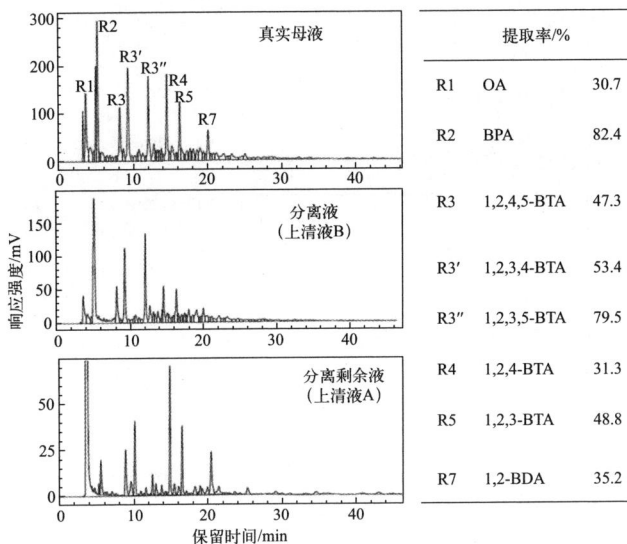

| | | 提取率/% |
|---|---|---|
| R1 | OA | 30.7 |
| R2 | BPA | 82.4 |
| R3 | 1,2,4,5-BTA | 47.3 |
| R3′ | 1,2,3,4-BTA | 53.4 |
| R3″ | 1,2,3,5-BTA | 79.5 |
| R4 | 1,2,4-BTA | 31.3 |
| R5 | 1,2,3-BTA | 48.8 |
| R7 | 1,2-BDA | 35.2 |

图 B.4　La(NO₃)₃·$x$H₂O 对 AOOPs 体系的分离效果

[分离条件：La(NO₃)₃·$x$H₂O 0.2g，温度为 50℃，时间为 2h，AOOPs 5mL，pH＝6]

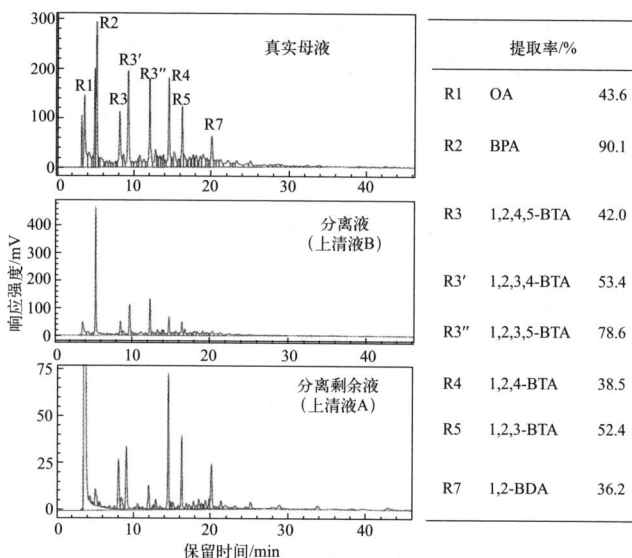

图 B.5　$Ce(NO_3)_3 \cdot 6H_2O$ 对 AOOPs 体系的分离效果

[分离条件：$Ce(NO_3)_3 \cdot 6H_2O$ 0.2g，温度为 50℃，时间为 2h，AOOPs 5mL，pH＝6]

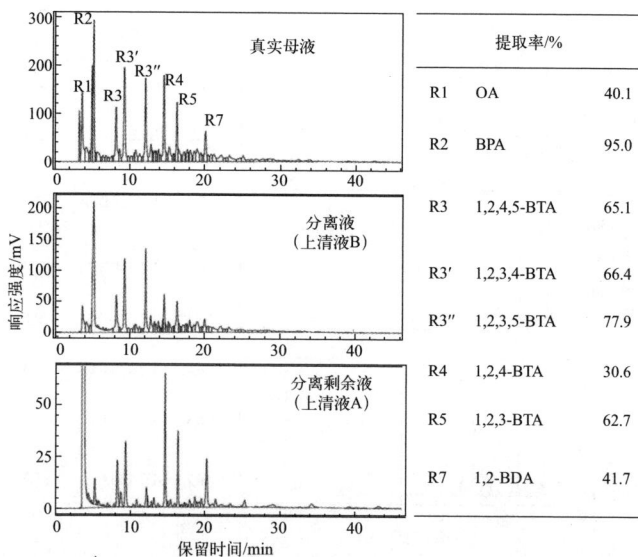

图 B.6　$Pr(NO_3)_3 \cdot 6H_2O$ 对 AOOPs 体系的分离效果

[分离条件：$Pr(NO_3)_3 \cdot 6H_2O$ 0.2g，温度为 50℃，时间为 2h，AOOPs 5mL，pH＝6]

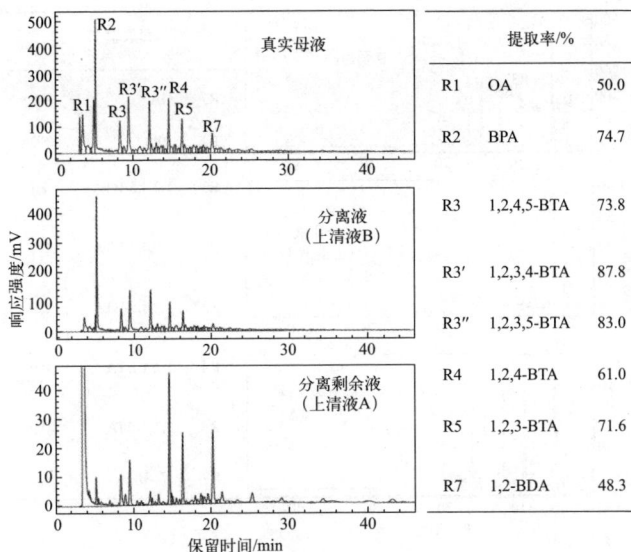

| | 提取率/% |
|---|---|---|
| R1 | OA | 50.0 |
| R2 | BPA | 74.7 |
| R3 | 1,2,4,5-BTA | 73.8 |
| R3′ | 1,2,3,4-BTA | 87.8 |
| R3″ | 1,2,3,5-BTA | 83.0 |
| R4 | 1,2,4-BTA | 61.0 |
| R5 | 1,2,3-BTA | 71.6 |
| R7 | 1,2-BDA | 48.3 |

图 B.7  Nd(NO$_3$)$_3$·6H$_2$O 对 AOOPs 体系的分离效果

[分离条件：Nd(NO$_3$)$_3$·6H$_2$O 0.2g，温度为 50℃，时间为 2h，AOOPs 5mL，pH=8]

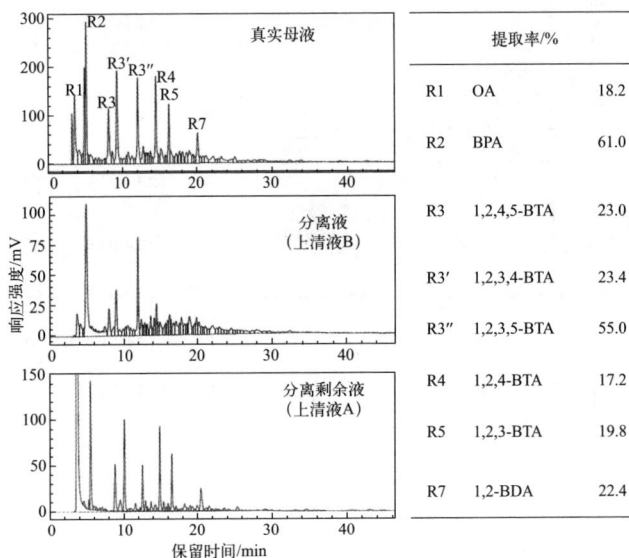

| | 提取率/% |
|---|---|---|
| R1 | OA | 18.2 |
| R2 | BPA | 61.0 |
| R3 | 1,2,4,5-BTA | 23.0 |
| R3′ | 1,2,3,4-BTA | 23.4 |
| R3″ | 1,2,3,5-BTA | 55.0 |
| R4 | 1,2,4-BTA | 17.2 |
| R5 | 1,2,3-BTA | 19.8 |
| R7 | 1,2-BDA | 22.4 |

图 B.8  Yb(NO$_3$)$_3$·5H$_2$O 对 AOOPs 体系的分离效果

[分离条件：Yb(NO$_3$)$_3$·5H$_2$O 0.2g，温度为 50℃，时间为 2h，AOOPs 5mL，pH=6]

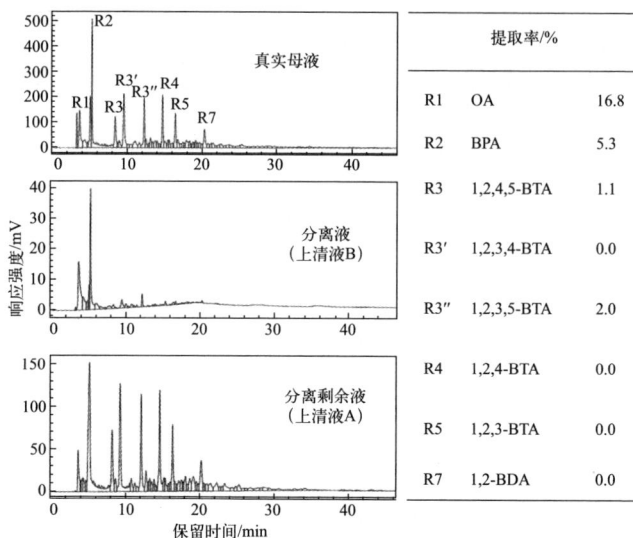

图 B.9　CaCl$_2$ 对 AOOPs 体系的分离效果

（分离条件：CaCl$_2$ 0.05g，温度为 50℃；时间为 2h，AOOPs 5mL，pH＝8）

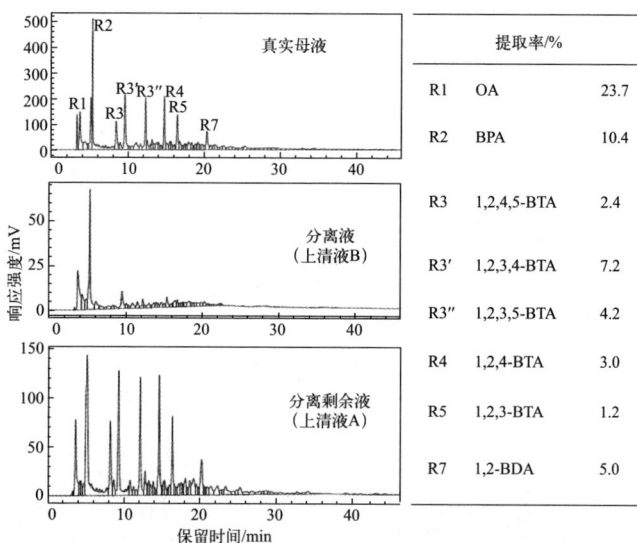

图 B.10　MnCl$_2$ 对 AOOPs 体系的分离效果

（分离条件：MnCl$_2$ 0.2g，温度为 50℃；时间为 2h，AOOPs 5mL，pH＝8）

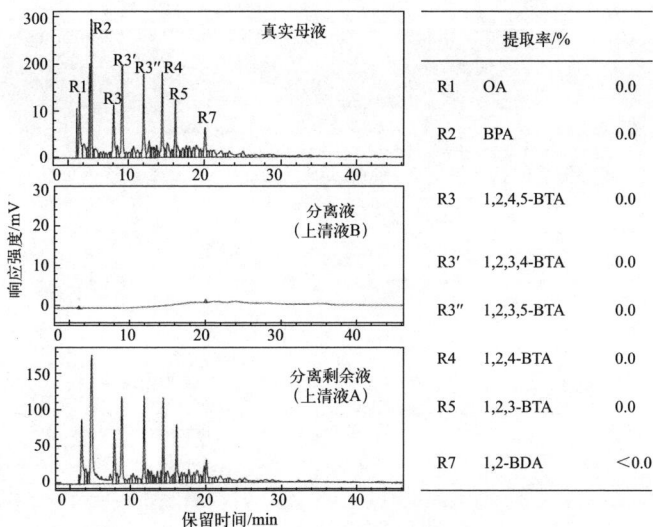

图 B.11　CoCl$_2$·6H$_2$O 对 AOOPs 体系的分离效果

（分离条件：CoCl$_2$·6H$_2$O 0.05g，温度为 50℃，时间为 2h，AOOPs 5mL，pH＝6）

参考文献

[1] Song C S. Fuel processing for low-temperature and high-temperature fuel cells：Challenges，and opportunities for sustainable development in the 21st century [J]. Catalysis Today，2002，77：17-49.

[2] He M Y，Sun Y H，Han B X. Green carbon science：scientific basis for integrating carbon resource processing，utilization，and recycling [J]. Angewandte Chemie International Edition，2013，52（37）：9620-9633.

[3] 谢克昌. 煤的结构与反应性 [M]. 北京：科学出版社，2002：71-78.

[4] 李青松. 褐煤化工技术 [M]. 北京：化学工业出版社，2014：33-41.

[5] Schobert H H，Song C. Chemicals and materials from coal in the 21st century [J]. Fuel，2002，81：15-32.

[6] Petroleum B. BP 世界能源统计年鉴. 英国，伦敦，2018.

[7] Li Z K，Wei X Y，Yan H L，et al. Advances in lignite extraction and conversion under mild conditions [J]. Energy & Fuels，2015，29（11）：6869-6886.

[8] 中矿（北京）煤炭产业景气指数研究课题组，郭建利. 2023-2024 年中国煤炭产业经济形势研究报告 [J]. 中国煤炭，2024，50（03）：12-20.

[9] 王红丽. 浅谈中国煤炭资源基本国情 [J]. 化工管理，2019（26）：9.

[10] Liu F J，Wei X Y，Fan M H，et al. Separation and structural characterization of the value-added chemicals from mild degradation of lignites：A review [J]. Applied Energy，2016，170：415-436.

[11] 王建国，李永旺，韩怡卓，等. 煤经气化制液体燃料及其高温煤气净化研究进展 [J]. 催化学报，2009，30（8）：770-775.

[12] 相宏伟，杨勇，李永旺. 煤炭间接液化：从基础到工业化 [J]. 中国科学：化学，2014，44（12）：1876-1892.

[13] Cao J P，Huang X，Zhao X Y，et al. Low-temperature catalytic gasification of sewage sludge-derived volatiles to produce clean $H_2$-rich syngas over a nickel loaded on lignite char [J]. International Journal of Hydrogen Energy，2014，39（17）：9193-9199.

[14] 应卫勇. 煤基合成化学品 [M]. 北京：化学工业出版社，2010：55-69.

[15] 刘振宇. 重质有机资源热解的自由基化学 [M]. 北京：化学工业出版社，2024：25-88.

[16] 雷智平，张素芳，张艳秋，等. 褐煤在离子液体 1-丁基-3-甲基咪唑氯盐中热溶及热溶产物的分离与分析 [J]. 燃料化学学报，2013，41（7）：818-822.

[17] Yao J H，Xiao L，Yan C W，et al. Bioliquefaction of the extracts from Shengli lignite [J]. Fuel，2018，219：340-343.

[18] Wu Z，Wang Z，Wu T，et al. Boosting Conversion Efficiency of Lignite to Oxygen-Containing Chemicals by Thermal Extraction and Subsequent Oxidative Depolymerization [J]. Fuel，2022：308.

[19] 冯友德，高志刚，单世君，等. 直接抽提腐殖酸与氧化褐煤抽提腐殖酸性质对比 [J]. 当代化工研究，2023（11）：27-29.

[20] 王知彩，李良，水恒福，等. 先锋褐煤热溶及热溶物红外光谱表征 [J]. 燃料化学学报，2011，39（6）：401-406.

[21] Yang F，Hou Y，Ren S，et al. Selective oxidation of lignite to carboxyl chemicals [J]. Scientia Sinica Chimica，2018，48（6）：574-589.

[22] 木欣凯，刘向荣，石晨，等. 假单胞菌对新疆大南湖低阶煤降解研究与分析 [J]. 中国煤炭，2023，49（12）：85-96.

[23] 刘健，何环，元雪芳，等. 不同处理方式下木霉真菌降解昭通褐煤的差异性分析 [J]. 煤炭技术，2024，43（02）：257-261.

[24] Wang W H，Hou Y C，Wu W Z，et al. Production of Benzene Polycarboxylic Acids from Lignite by Alkali-Oxygen Oxidation [J]. Industrial & Engineering Chemistry Research，2012，51（46）：14994-15003.

[25] Yao Z S，Wei X Y，Lv J，et al. Oxidation of Shenfu Coal with $RuO_4$ and NaOCl [J]. Energy & Fuels，2010，24（3）：1801-1808.

[26] Wang Q，Zhang Y，Wang M，et al. Ruthenium Ion Catalytic Oxidation Depolymerization of Lignite under Ultra-Low Dosage of $RuCl_3$ Catalyst and Separation of the Organic Products with Inorganic Salts [J]. RSC Advances，2023，13（7）：4351-4360.

[27] Yang F，Hou Y C，Niu M G，et al. Catalytic oxidation of lignite to carboxylic acids by molecular oxygen in an aqueous $FeCl_3$ solution [J]. Fuel，2017，202：129-134.

[28] 何一涛，王鲁香，贾殿赠. 静电纺丝法制备煤基纳米碳纤维及其在超级电

容器中的应用 [J]. 高等学校化学学报，2015，36（01）：157-164.

[29] 韩晓光. 变价金属-苯四酸配合物及其衍生物的储能研究 [D]. 沈阳：沈阳工业大学，2023.

[30] Lv J H，Wang Y，Zhang Y Y，et al. Effect of Preoxidation Treatment with $H_2O_2$ on Ruthenium IonCatalyzed Oxidation of Yima Long Flame Coal [J]. Fuel，2022，318：123526.

[31] Ruiz J R，Jiménez-Sanchidrián C，Hidalgo J M，et al. Reduction of ketones and aldehydes to alcohols with magnesium-aluminium mixed oxide and 2-propanol [J]. Journal of Molecular Catalysis A：Chemical，2006，246（1-2）：190-194.

[32] Song J L，Zhou B W，Zhou H C，et al. Porous zirconium-phytic acid hybrid：a highly efficient catalyst for Meerwein-Ponndorf-Verley reductions [J]. Angewandte Chemie International Edition，2015，54（32）：9399-9403.

[33] Biradar N S，Hengne A M，Sakate S S，et al. Single pot transfer hydrogenation and aldolization of furfural over metal oxide catalysts [J]. Catalysis Letters，2016，146（8）：1611-1619.

[34] Li J，Liu J L，Zhou H J，et al. Catalytic transfer hydrogenation of furfural to furfuryl alcohol over nitrogen-doped carbon-supported iron catalysts [J]. ChemSusChem，2016，9：1339-1347.

[35] Li F K，France L J，Cai Z P，et al. Catalytic transfer hydrogenation of butyl levulinate to $\gamma$-valerolactone over zirconium phosphates with adjustable Lewis and Brønsted acid sites [J]. Applied Catalysis B：Environmental，2017，214：67-77.

[36] Song J L，Wu L Q，Zhou B W，et al. A new porous Zr-containing catalyst with a phenate group：an efficient catalyst for the catalytic transfer hydrogenation of ethyl levulinate to $\gamma$-valerolactone [J]. Green Chemistry，2015，17（3）：1626-1632.

[37] Xiao Z H，Zhou H C，Hao J M，et al. A novel and highly efficient Zr-containing catalyst based on humic acids for the conversion of biomass-derived ethyl levulinate into gamma-valerolactone [J]. Fuel，2017，193：322-330.

[38] Sha Y F，Xiao Z H，Zhou H C，et al. Direct use of humic acid mixtures to construct efficient Zr-containing catalysts for Meerwein-Ponndorf-Verley reactions [J]. Green Chemistry，2017，19（20）：4829-4837.

[39] Zhou H C，Sha Y F，Xiao Z H，et al. Using benzene carboxylic acids to prepare zirconium-based catalysts for the conversion of biomass-derived furfural [J]. International Journal of Coal Science & Technology，2017，1：1-9.

[40] Halilu A，Ali T H，Atta A Y，et al. Highly selective hydrogenation of biomass-derived furfural into furfuryl alcohol using a novel magnetic nanoparticles catalyst [J]. Energy & Fuels，2016，30（3）：2216-2226.

[41] Wu J，Gao G，Li J L，et al. Efficient and versatile CuNi alloy nanocatalysts for the highly selective hydrogenation of furfural [J]. Applied Catalysis B：Environmental，2017，203：227-236.

[42] Sha Y f，Li N，Zhi K d，et al. Novel and efficient Cu-based catalyst constructed by lignite alkali-oxygen oxidation products for selective aerobic oxidation of alcohols to aldehydes [J]. Fuel，2019，257：116042.

[43] Ai L H，Zhang C H，Li L L，et al. Iron terephthalate metal-organic framework：Revealing the effective activation of hydrogen peroxide for the degradation of organic dye under visible light irradiation [J]. Applied Catalysis B：Environmental，2014，148-149：191-200.

[44] Marais L，Swarts A J. Biomimetic Cu/Nitroxyl catalyst systems for selective alcohol oxidation [J]. Catalysts，2019，9（5）：395-423.

[45] Mei Q Q，Liu H Z，Yang Y D，et al. Base-free oxidation of alcohols over copper-based complex under ambient condition [J]. ACS Sustainable Chemistry & Engineering，2018，6：2362-2369.

[46] Ding Z，Liu Q，Hao J，et al. Alkaline Earth Metal Ions Mediated Coordination Separation of Valuable Organic Acids from Depolymerization Products of Lignite [J]. Fuel，2022，322：124083.

[47] 郝建秀，丁志伟，刘倩，等. 褐煤解聚产物利用及分离研究进展 [J]. 煤炭学报，2022，47（04）：1679-1691.

[48] Banerjee A，Gokhale R，Bhatnagar S，et al. MOF derived porous carbon-

Fe$_3$O$_4$ nanocomposite as a high performance, recyclable environmental superadsorbent [J]. Journal of Materials Chemistry, 2012, 22 (37): 19694-19699.

[49] Petrov D, Angelov B. Preparation and characterisation of NdAlO$_3$ nanocrystals by modified sol-gel method [J]. Journal of Sol-Gel Science and Technology, 2009, 53 (2): 227-231.

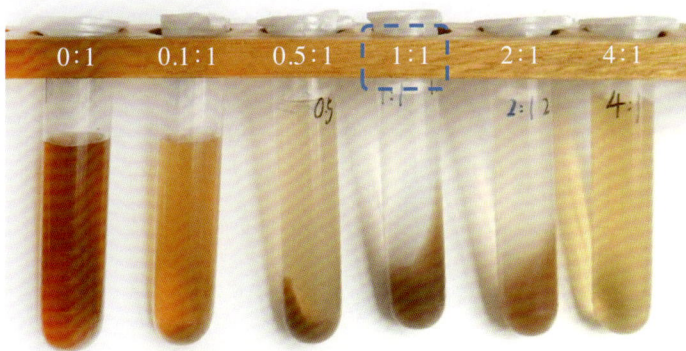

彩图 3-4　锆前驱体与解聚产物不同质量比所制Zr-DM催化剂的光学照片

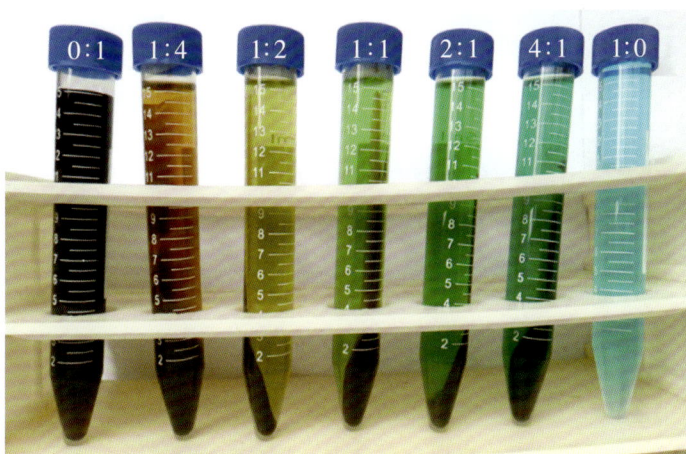

彩图 3-12　铜前驱体与解聚产物不同质量比所制Cu-DM催化剂的光学照片

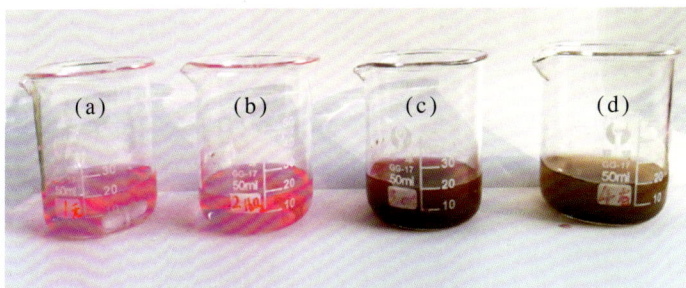

彩图 3-21　对照实验的光学照片

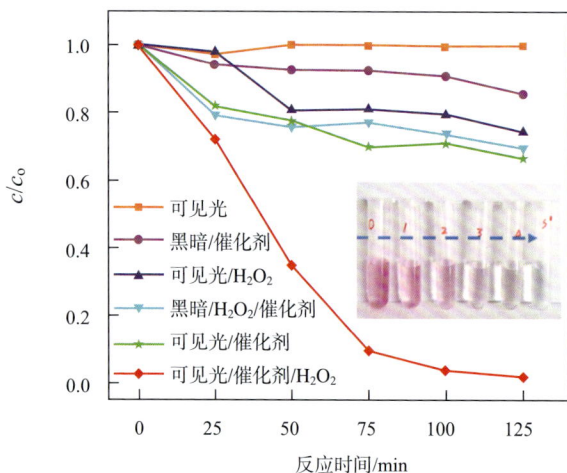

**彩图 3-22　RhB 在不同条件下的降解**

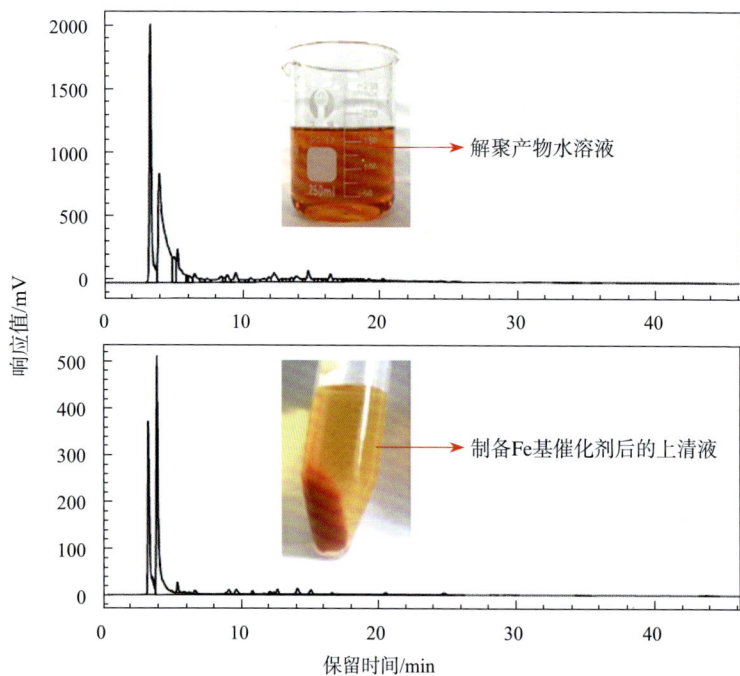

**彩图 3-29　解聚产物制备催化剂前后光学照片和 HPLC 检测对比分析**

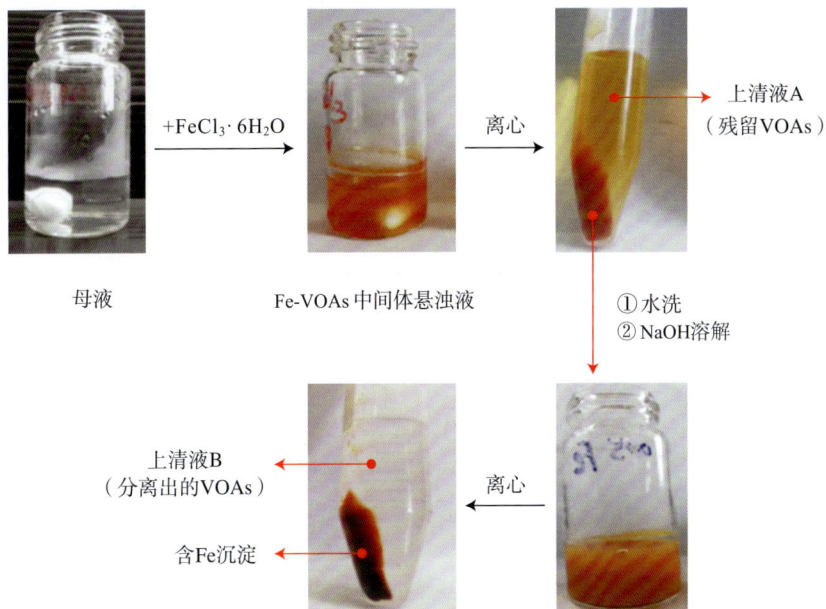

**彩图 4-5** FeCl₃·6H₂O分离模拟母液的流程图

图中文字：

母液 —+FeCl₃·6H₂O→ Fe-VOAs中间体悬浊液 —离心→

上清液A（残留VOAs）

①水洗 ②NaOH溶解

离心←

上清液B（分离出的VOAs）

含Fe沉淀

**彩图 4-6** 模拟母液中加入不同金属后的实验现象

图中标签：FeCl₃　Cu(Ac)₂　CaCl₂　MnCl₂　CoCl₂　AlCl₃　Yb(NO₃)₃　La(NO₃)₃　Ce(NO₃)₃　Pr(NO₃)₃　Nd(NO₃)₃

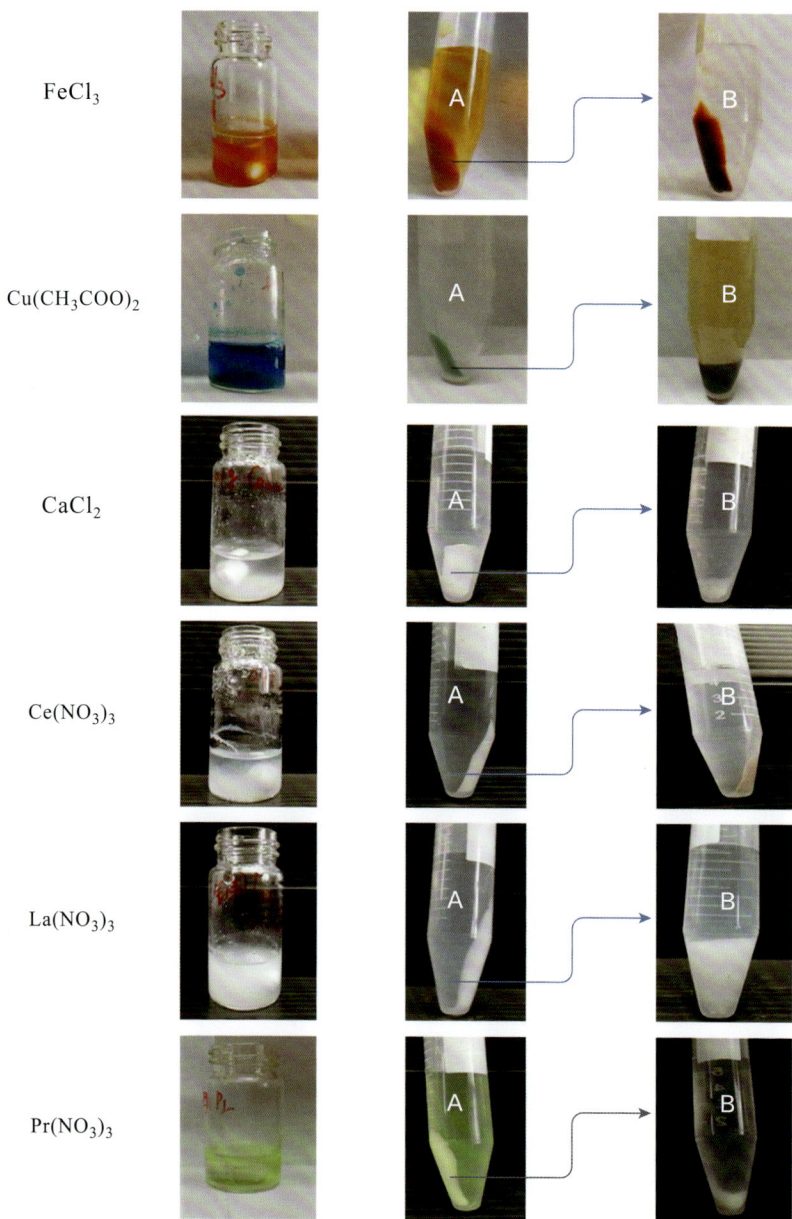

**彩图 4-7** 几种典型金属离子分离母液的现象图

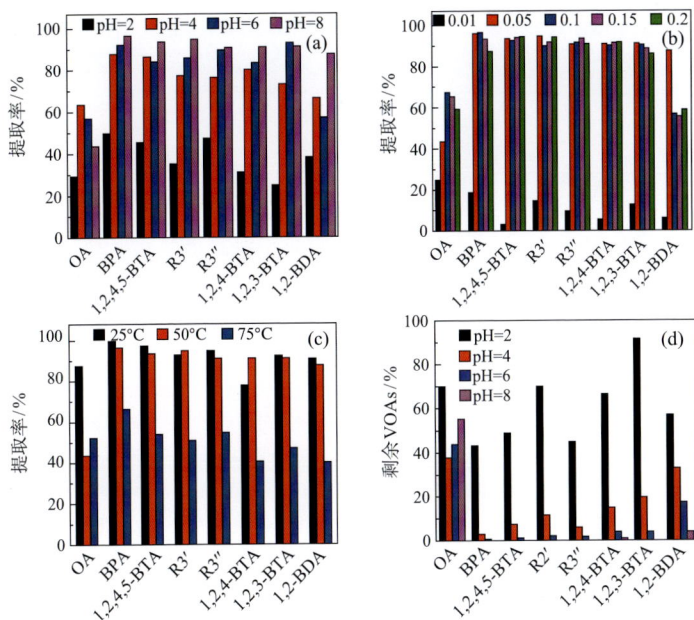

**彩图 4-11** FeCl₃·6H₂O为转运分子时各参数对分离效果的影响

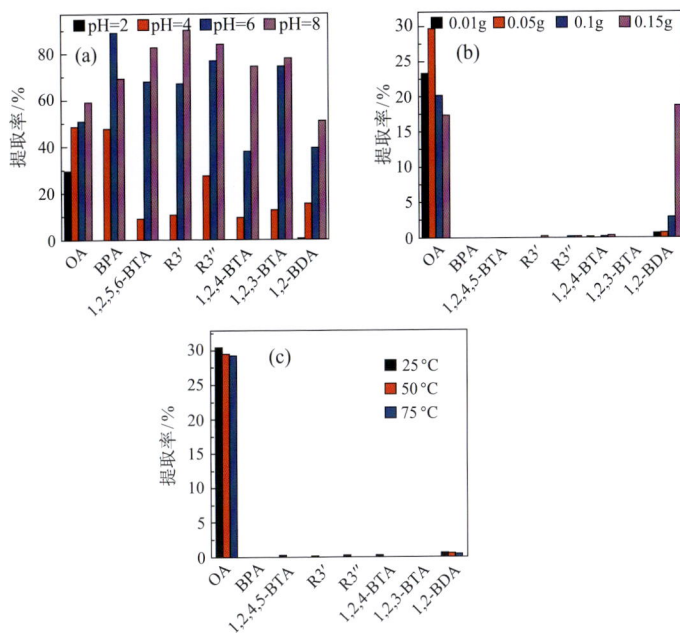

**彩图 4-12** Nd(NO₃)₃·6H₂O为转运分子时各参数对分离效果的影响

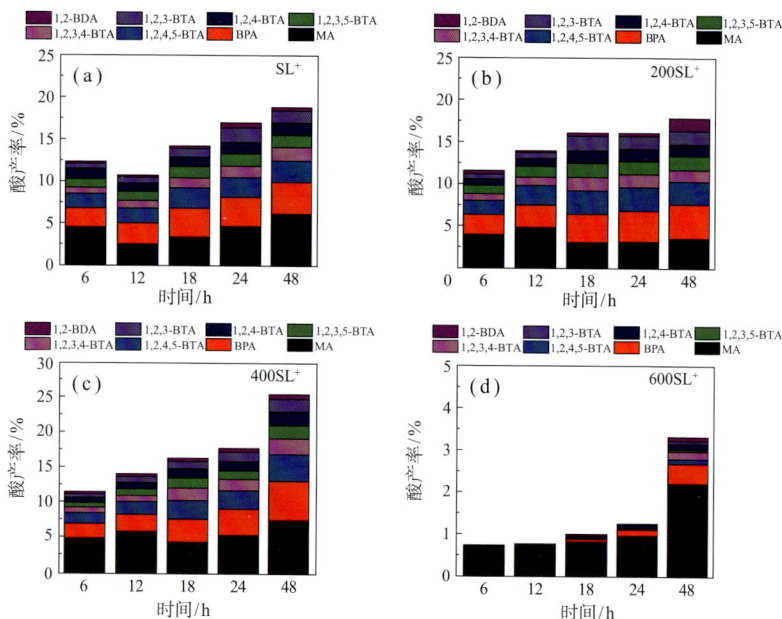

彩图 5-4 不同温度预热解SL⁺RICO反应6h、12h、18h、24h、48h的酸产率

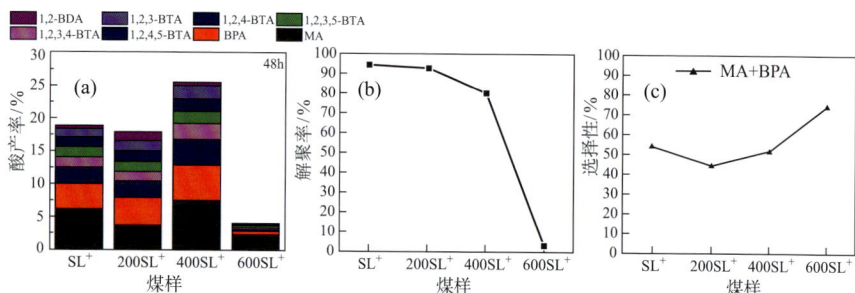

彩图 5-6 反应48h后SL⁺、200SL⁺、400SL⁺、600SL⁺的解聚性能

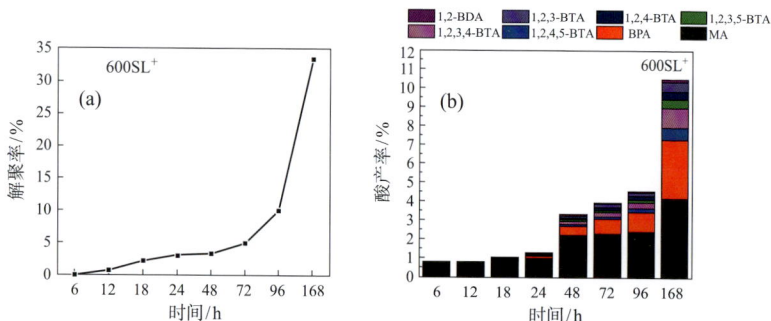

彩图 5-7 600SL⁺ RICO延长反应时间的解聚率（a）与酸产率（b）

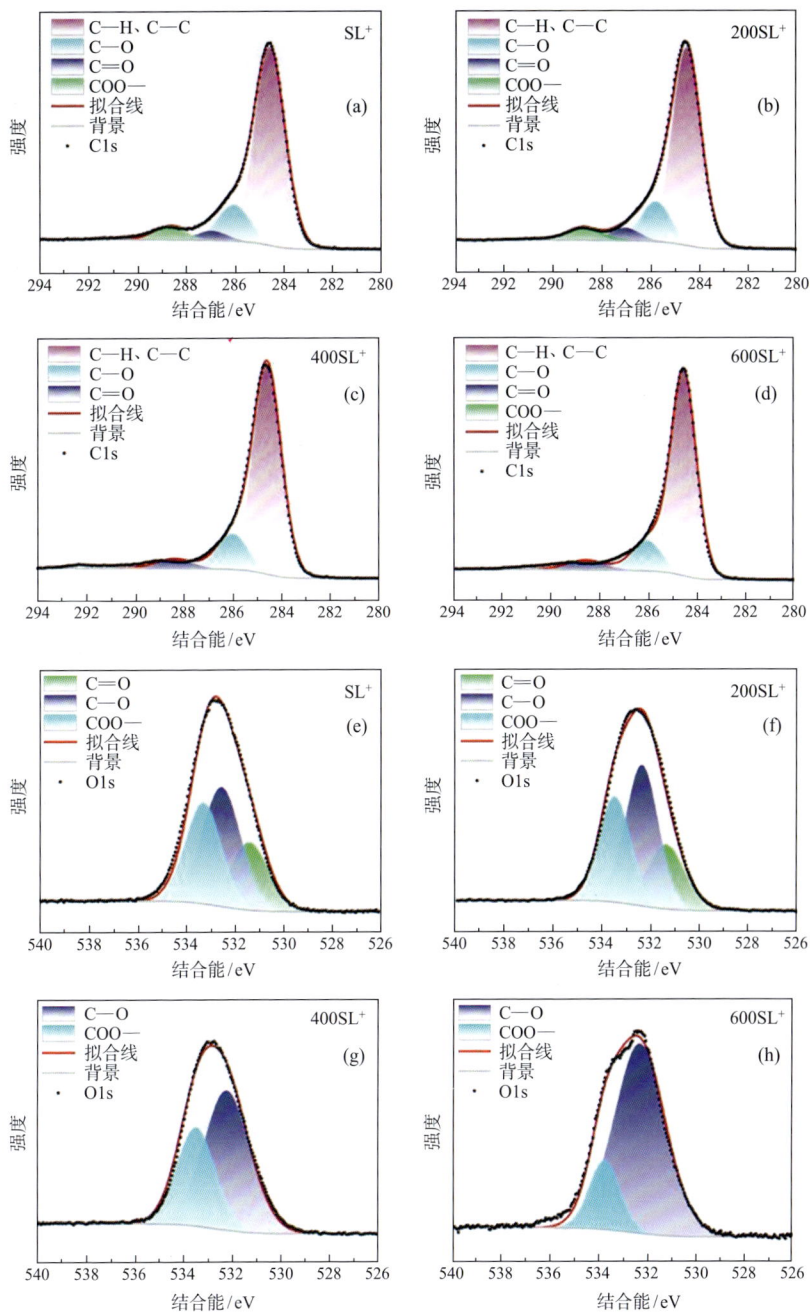

**彩图 5-13** 不同预热解温度SL⁺的XPS的C1s与O1s分峰拟合图

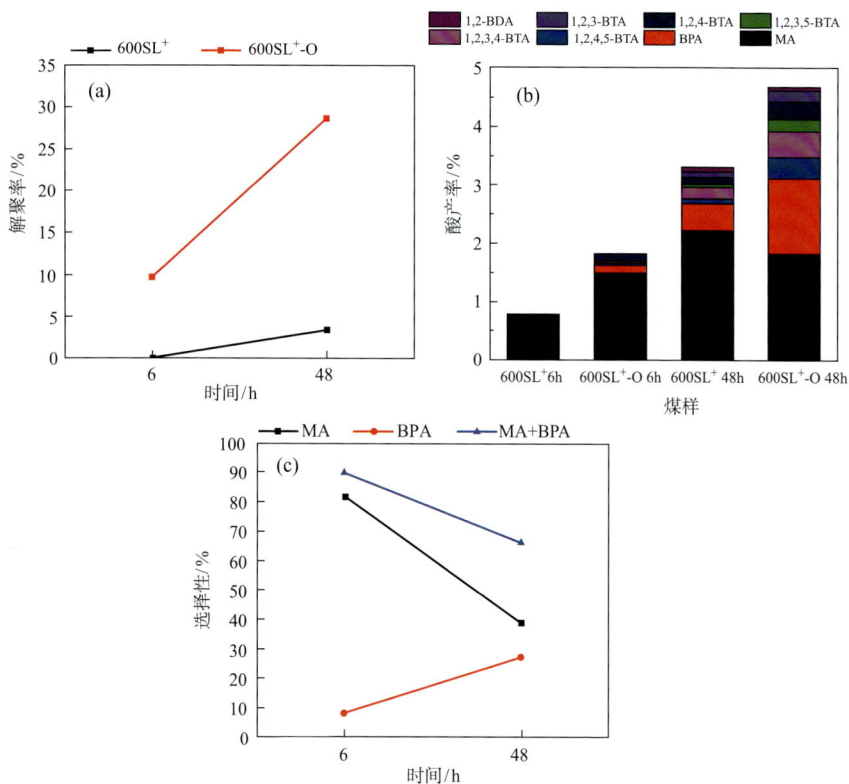

**彩图 5-21** 600SL⁺ 与 600SL⁺-O RICO解聚性能比较

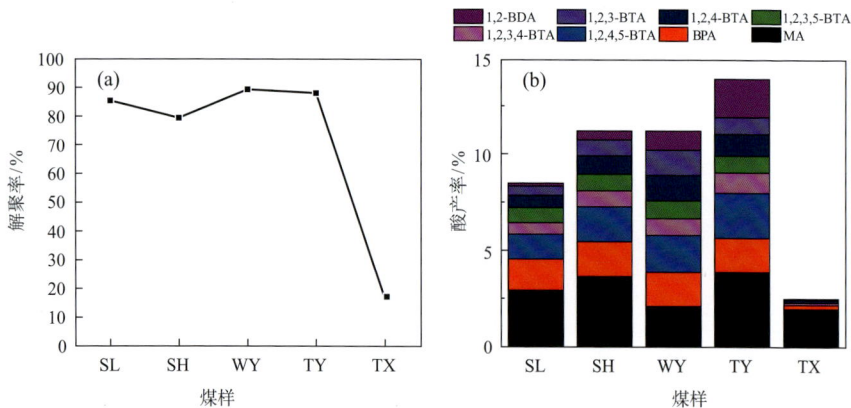

**彩图 6-1** SL、SH、WY、TY、TX的RICO对比

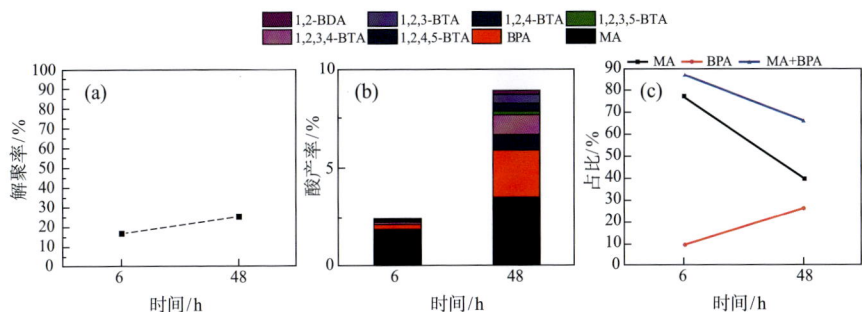

彩图 6-3　TX 反应 6h 与 48h 对比

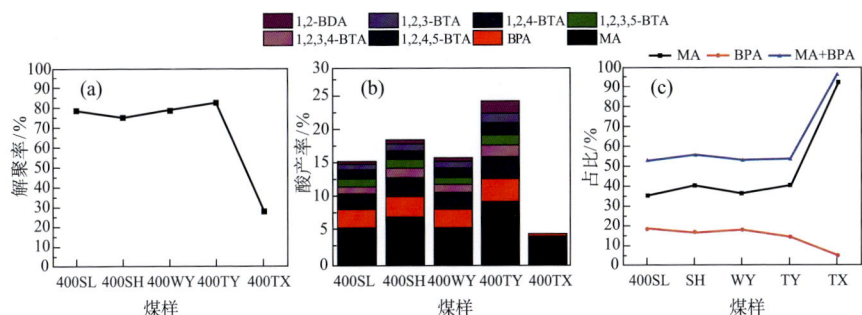

彩图 6-4　400℃预热解后煤样对比

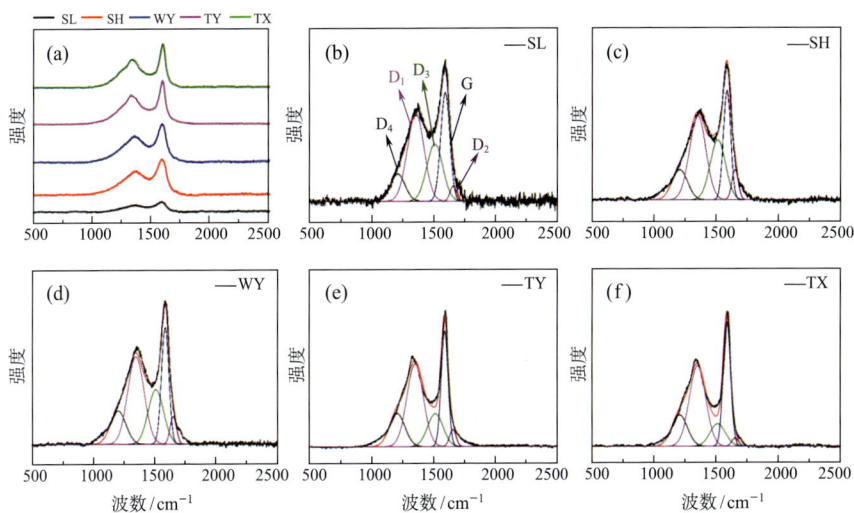

彩图 6-6　煤样的 Raman 谱图以及拟合处理后的波谱图

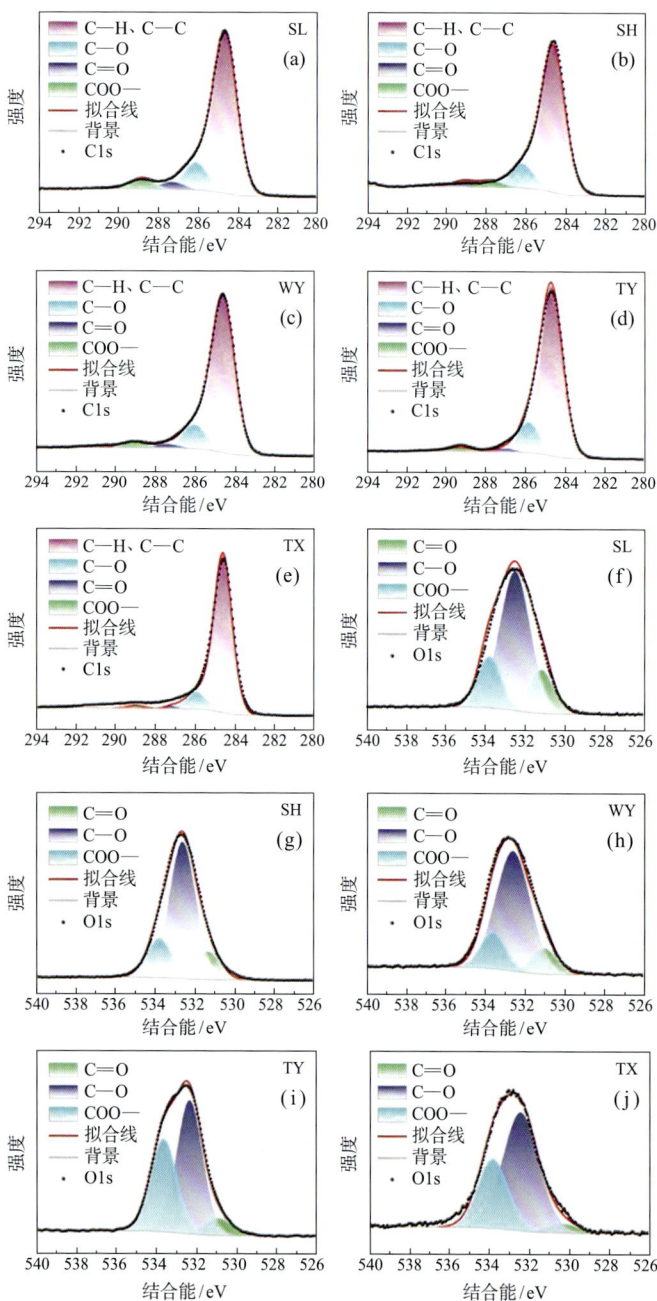

**彩图 6-9** 煤样的XPS的C1s与O1s分峰拟合图